中国传统建筑

徐潜/主编

吉林文史出版社

图书在版编目（CIP）数据

中国传统建筑 / 徐潜主编 .—长春：吉林文史出版社，2013.3（2023.7 重印）

ISBN 978-7-5472-1485-5

Ⅰ.①中… Ⅱ.①徐… Ⅲ.①古建筑-建筑艺术-中国-通俗读物 Ⅳ.①TU-092.2

中国版本图书馆 CIP 数据核字（2013）第 062787 号

中国传统建筑

ZHONGGUO CHUANTONG JIANZHU

主　　编　徐　潜
副 主 编　张　克　崔博华
责任编辑　张雅婷
装帧设计　映象视觉
出版发行　吉林文史出版社有限责任公司
地　　址　长春市福祉大路 5788 号
印　　刷　三河市燕春印务有限公司
版　　次　2013 年 3 月第 1 版
印　　次　2023 年 7 月第 4 次印刷
开　　本　720mm×1000mm　1/16
印　　张　13
字　　数　250 千
书　　号　ISBN 978-7-5472-1485-5
定　　价　45.00 元

序　言

民族的复兴离不开文化的繁荣，文化的繁荣离不开对既有文化传统的继承和普及。这套《中国文化知识文库》就是基于对中国文化传统的继承和普及而策划的。我们想通过这套图书把具有悠久历史和灿烂辉煌的中国文化展示出来，让具有初中以上文化水平的读者能够全面深入地了解中国的历史和文化，为我们今天振兴民族文化，创新当代文明树立自信心和责任感。

其实，中国文化与世界其他各民族的文化一样，都是一个庞大而复杂的“综合体”，是一种长期积淀的文明结晶。就像手心和手背一样，我们今天想要的和不想要的都交融在一起。我们想通过这套书，把那些文化中的闪光点凸现出来，为今天的社会主义精神文明建设提供有价值的营养。做好对传统文化的扬弃是每一个发展中的民族首先要正视的一个课题，我们希望这套文库能在这方面有所作为。

在这套以知识点为话题的图书中，我们力争做到图文并茂，介绍全面，语言通俗，雅俗共赏。让它可读、可赏、可藏、可赠。吉林文史出版社做书的准则是“使人崇高，使人聪明”，这也是我们做这套书所遵循的。做得不足之处，也请读者批评指正。

编　者

2012年12月

目　录

四合院

提到北京城，人们自然就会想到老北京的四合院。这是由于四合院有着地道的京韵京味，展示着老北京人传统的民间风俗，具有浓郁的地方特色。四合院在中国有相当悠久的历史。根据现有的文物资料分析，早在两千多年前就有四合院形式的建筑出现，不过在元代时北京才开始大规模地兴建，明清时才逐渐地完善并发展到高峰。现在北京所能见到的四合院，也多是那时候留下来的。

一、四合院的历史变革

四合院是指由东西南北四面房子围合起来形成的内院式住宅。北京四合院作为老北京人世代居住的主要建筑形式，蜚声海外，世人皆知。

（一）四合院的起源

四合院是北京最有特点的民居形式，追溯其起源很多人都会认为是元代院落式民居。实际上不然，迄今发现的最早的一座四合院应该是陕西岐山凤雏的西周建筑遗址。此遗址的平面图与四合院的建构布局完全一致，坐北朝南，中心部位先是影壁，然后是中央门道和东西门房，门房后是中院，中院后是前堂，前堂后是东西小院，小院后是后院。汉代画像砖上的庭院也能很明显地看出四合院的结构，也有人考证说汉代就已经出现了标准的四合院——徐州利国出土的汉代画像中有所描绘。隋唐时期出土绘画等文物中也可见四合院式宅第。宋朝的画作《文姬归汉图》中也出现过四合院型大宅。从这些文物所透露的信息来看，四合院这种建筑形式在我国应该有两千多年的历史了。

但是为什么很多人认为它是起源于元代呢？这是因为北京传统四合院的大规模形成始于元代，北京地区的建筑风格在这一时期基本形成。自元代建都北京时起，北京才开始了大规模的城市建设，北京的四合院也是这时才与北京的宫殿、衙署、街区、坊巷和胡同同时出现。当时，元世祖忽必烈"诏旧城居民之过京城老，以赀高（有钱人）及居职（在朝廷供职）者为先，乃定制以地八亩为一分"，这一政策使元朝统治者和大批的贵族富商到北京建房，这才使院落式住宅大规模地兴建。而且当时也进行了城市规划。据元末熊梦祥所著《析津志》载："大街制，自南以至于北谓之经，自东至西谓之纬。大街二十四步阔，三百八十四火巷，二十九街通。"这里说的"街通"实际上就是我们今天所说的胡同，胡同与胡同之间是供臣民建造住宅的地皮，也就是四合院住宅。

（二）四合院的进一步发展和完善

到了明清两代，终于形成北京特有的四合院，而且清代比明代更加讲究。

明代四合院的发展主要基于迁都、技术发展和政策的原因。明成祖朱棣曾将都城从南京迁到北京，这极大促进了北京城的发展。当时的明朝经济发展较好，烧砖技术成熟较快，这些为四合院的建设提供了更好的建筑材料。尤其是明朝的等级制度森严，为了维护封建秩序，对各阶层人士的住所也进行了严格的规定，如洪武二十六年制定：官员营造房屋不许歇山转角、重檐、重拱及绘藻井……庶民舍不过三间五架，不许用斗拱，饰色彩等。这些都对四合院的进一步发展和完善起到了积极的作用。遗憾的是，北京地区现在已经见不到元代的四合院建筑。

清定都北京后，大量吸收汉文化，完全承袭了明代北京的建筑风格，对北京的居住建筑——四合院也予以全面承袭。清王朝早期在北京实行分旗居住制度，令城内的汉人全部迁到外城，内城只留满人居住。这一措施主观上促进了外城的发展，也使内城的宅第得到进一步的调整和充实。清代最有代表性的居住建筑是官僚、地主、富商们居住的大中型四合院。

明清北京四合院与元代的四合院相比有比较明显的变异，主要表现在院落布局的变化、工字型平面的取消以及占地面积的减少方面。元代北京后营房等四合院遗址中，前院面积比较大；明清四合院前院（外宅）面积比较小，后院（内宅）面积增大，使院落面积的分配更合理。明清四合院还取消了前堂、穿廊、后寝连在一起的工字型平面布局。这种变化同明清两朝北京城居民成分的变化及由此带来的东西南北的文化交流是分不开的。此外，由于明清两朝北京人口增加较快，元代每户八亩的大院落已经不够分配，因此明清四合院占地面积普遍较小，小者一亩，大者也不过三四亩（王府等大型府第除外），这是明清四合院与元代四合院的主要区别。

概括地说，北京四合院的发展，辽时初具规模，至明清逐渐完善，从平面布局到内部结

构、细部装修都形成了北京特有的京味风格。

（三）北京四合院的区域性特征

北京四合院的分布呈现出一定的区域性特征，这一特征的出现与四合院的初建和发展所处的时期有关。当时正处于封建社会时期，等级制度比较森严。

从清代北京地图上可以看出，清末北京各个阶层分布情况为：皇城以内的地区是内府官员的办公与住宅区；皇城以外的东交民巷一带是外国使馆区；西城、北城有许多王府，属于贵族及内府当差人的居住区；东城主要是高级富商的宅邸，正如北京俗语描述的："东富西贵，东直门的宅子，西直门的府"。北京外城宣武门一带的会馆，为各省官员、举子寓居之地，附近有著名的琉璃厂文化区；前门一带是北京主要的商业中心，寄宿着大批商人；中小手工业者主要居住在崇文门外；天桥一带是昔日北京的贫民区。

综合起来，北京四合院的分布有如下几方面的特征：总体上，内城的宅院较大，等级较高；外城的宅院较小，等级较低；内城的东北、西北一带，集中了北京城内最好的四合院；内外城根及外城的大部分地区，多为平民百姓的陋宅；东西走向胡同中的住宅，往往比南北向或随地形变化的胡同中的住宅好；两胡同之间间距大的宅院，往往比间距小的好。

二、四合院的基本格局

中国传统民居的布局一般都具有鲜明的轴向，中轴对称，左右平衡，对外封闭，对内向心，方方正正。其平面布局也多遵循一种简明的组合规律，四合院就是这种简明布局的一个代表——由若干间组成座，再以若干座组成庭院，而且往往是封闭的庭院。

（一）四合院的基本格局

北京的四合院因规模和等级的不同可以划分为很多的类型，最基本的是一进四合院，就是由四面房屋围合形成的一个庭院，它是四合院的基本单元。四合院按这种基本单元划分有：一进院落、二进院落、三进院落、四进及四进以上的院落。最大的四合院可多达七进、九进院落（如王府）。

一进院落是由四面房子合围起来形成的，特点是三间正房（北房），正房两侧是两间耳房，正房南面两侧为东西厢房（各三间），正房对面是三间南房，又称为倒座房。宅门位于东南方，占据倒座房的一间或一间半的位置，进门迎面是影壁，向西经过屏门便可以进入内宅。

二进院落是在一进院落的基础上沿纵深方向，在东西厢房的南山墙之间加隔墙形成的。隔墙设屏门，以供出入。在规模比较大的二进院落中还可以设置连接东西厢房的抄手游廊。一进院落和二进院落都属于小四合院。

三进院落是在二进院落的基础上发展起来的。它是在正房后面加一排后罩房，它们之间形成的空间是后院，后院同中院一样也有正房、耳房、东西厢房和抄手游廊，人们可以通过正房东耳房边上的通道进入后院，也可以将正房明间做成过厅。

这种三进式的院落格局被认为是四合院的标准格局。三进院落属于中型四合院，这种标准格局的具体安排是这样的：坐北朝南，临街五大间，东数第一间为大门洞，第三间至第五间为“倒座”。进入大门后，迎面是砖雕影壁墙，紧贴着东屋的南山墙。影壁的前面左边有个圆形的月亮门，或四个并排小门，进去就是外院，左边由东到西是一排五间南房，南房北边就是内院院墙。院墙正中是正对南屋门的垂花门，垂花门的左右两边直到两边的月亮门是隔开外院南屋和里院北、东、西房的墙。垂花门门里设有木板屏风，这道屏风只有过年或迎接贵宾时开放，平时只能从东西两边出入或者只走东边。进入垂花门往左右两边拐弯下台阶就进入了内院。内院由正房、两侧的耳房、厢房构成一个正方形的院落。位于内院南面正中心位置的是垂花门的门楼，北面有正房三间，正房的东西两侧各有耳房一间，这就是常说的“三正两耳”。内院东西还各有厢房三间，各房前边有抄手游廊相连。在垂花门与正房之间，东西厢房之间铺有十字形甬道，十字路隔出四块方形的地皮，可以在上边植树、种花、摆设鱼缸。内院北面还有一个由正房和后罩房组成的窄长的后院。一些大宅院的后罩房是上下两层。

四进院落是在三进院落的纵深方向上扩展成的，一般是三进院落的后面加一排后罩房。不过实际中的四进院落因为受地形、功能等方面的限制不如前面所说的三种院落那么规整。四进以及四进以上的院落属于大型四合院，也就是人们常说的深宅大院。

（二）四合院的基本方位

要了解北京四合院，首先应了解它的基本格局，而这格局又与它的方位有直接关系。中国古代建筑布局讲究方位，对于四面闭合的四合院来说，建筑方位非常重要。中国有一句古话：“向阳门第春先到。”

四合院建在胡同里，所以胡同的走向直接影响着四合院的方位。老北京的

胡同主要是东西走向，尤其是内城。连接两东西走向胡同的是南北走向的胡同。所以北京的四合院就出现了如下几种类型：坐北朝南或坐南朝北（此两类为主），坐西朝东或坐东朝西（此两类为辅）。

在这几种类型中，以坐北朝南的北房为最好，坐西朝东的西房也可以，最差的是东房和南房，“有钱不住东南房，冬不暖来夏不凉”，这主要是由北京地区的气候环境和地理位置所决定的。所以人们建宅时，通常都会首先考虑将主房定在坐北朝南的位置，然后再安排其他房间的位置。这种方位的选择除了地理环境因素外，还有当时的人考虑风水的因素。

（三）四合院的风水讲究

风水在四合院建造过程中是极讲究的，从择地、定位到确定每幢建筑的具体尺度，都要按风水理论来进行。有些人认为，风水学说实际上是我国古代的建筑环境学，是我国传统建筑理论的重要组成部分。千百年来，这种风水理论一直是我国古代营建活动的指南。

如何对庭院内各建筑要素进行合理组合，是风水阳宅理论的主要内容，根据这种要求，合院式住宅的一般格局是：建筑物以三合或四合排列中围一院；建筑主面朝院，以院解决通风、采光、排水、交通等需要；以墙、廊连接或围绕建筑，成一合院。合院对外封闭，大门尽量朝南，北面较少开口；一个合院规模不足，如需扩大，以重重院落相套，向纵深与横面发展；交通系统，主要随着屋距做格子状分布，不下雨时自然可走庭院；在合院群中，纵向有明显轴线意味，横向则左右大体对称；主要建筑物如厅、堂、长辈住房等，排列在中心主轴线上，附属房屋则位居次轴。轴线上的前段，一般以“前公后私”“前下后上”为原则，把对外的房间与下房放在前头；在思想呈现方面，除了“主次分明，秩序井然”的

位序外，自然是居于核心地位的堂屋设置最为独特。

以上这样的合院格局，是风水阳宅内形理论的主题所在，只不过风水先生表述时采用的是吉、凶等说法。在风水先生的眼中，处于“坐坎朝离”的四合院，北位于八卦中的离位，按《易传》所说：离者，火也，自然是吉位。从中国人的“风水观念”来看，只有朝南才能有足够的“阳气”，四合院以北为尊的格局与风水要求也正好相合，北京四合院的宅院也均以北房为正房。东在八封中的震位，震者，雷也，长男也，故东厢为家族男性儿辈所居之所。西为兑位，兑者，说（悦）也，少女也，故西厢为家族女性儿辈所居之所。四合院的大门都不开在中轴线上，开在八卦的“巽”位或“乾”位。所以处在胡同北侧的院落大门开在住宅的东南角上，处在胡同南侧的院落大门开在住宅的西北角上。因为这两个位置是柔风、润风吹进的位置，在风水上是吉祥的位置。在此设门，在明清时人看来，正应在“入”字上，是吉利。而且巽位于东方震位的雷与南方离位的火之间，自然富含着家族门庭“兴旺”的意思。其东北部为艮位，艮为止。据“风水”说是所谓“鬼门”，本不“吉利”，但明清时人也能自我“解救”，在此设厨房。在文化心理上使原居“阴暗”之处，用明火来“照亮”。“倒座”呈“背阳”“背离”格局，所以大多为男佣居住，或用以堆放杂物之类。

在《易经》中贯穿着一种阴阳五行的学说，它对四合院建筑的营造方式产生了直接影响。《周礼·考工记》认为：“天为乾、为圆，地为坤、为方”、“圆象征天上万象变化不定，方象征地上万物有定形。”北京的四合院建筑，正是以民居形式来体现地面的“四方”观念。四合院呈正方形，其平面暗含“井”字格局，也就是四正四隅加中心的九宫格平面。“井”字分割产生一个中心，而且构成对称、平衡、稳定的平面，这种秩序感所具有的理性色彩，与中国礼教文化对社会结构的设计具有同构性，因为特别注意社会性、政治性和伦理性

在建筑艺术中的应用，所以很多建筑都采用这种形式。四合院的结构强调内外、开闭的统一，人们最初设计四合院时，充分考虑了四向的因素——太阳、太阴、少阳、少阴和四季变化（天之四象），因为四合院占尽四向，所以人们在任何时候都可以有选择地享受到不同朝向所带来的日照与阴影。这些房屋的布局也形成了一个聚气的空间，使中庭成了阴阳交汇的地方。门道一开一合造成的一明一暗、一凉一暖的变化使它成了引导气流的渠道。

整座四合院四周围墙几乎是封闭的，仅在东南隅设一扇门，供出入。这种封闭性，首先是缘于气候、环境等自然条件，北方天气寒冷，四周几乎不设门、窗，有利于取暖保温。更重要的是在文化观念上，体现了民族心理的内敛性和向心力。

总之，四合院民居建筑的空间与家庭居住秩序合乎中国传统的易理，并且与中国传统的“风水”观念融合在一起，充分体现了中国理学文化的特点。

（四）四合院中房间的分配

房间是居民院落中最重要的组成部分，四合院中有比较固定的房间布置，一般由正房、耳房、厢房、后罩房及倒座房组成。

正房是四合院里最重要的房间，位于纵、横中轴线的交叉点位置。正房作为房间中最重要的组成部分，在房间数、开间尺寸、装饰等方面都有严格的等级要求。每座四合院里的正房只有一处，多为三开间。北房三间仅中间的一间向外开门，称为堂屋。堂屋是家人起居、招待亲戚或年节时设供祭祖的地方。两侧两间仅向堂屋开门，形成套间，成为一明两暗的格局。东侧一般住祖父母，西侧住父母。

位于正房两侧的耳房，规模比正房小，东西对称，一般与正房相通。厢房的北山墙和围墙在此形成一个小院（称为“露地”），人们喜欢在这里

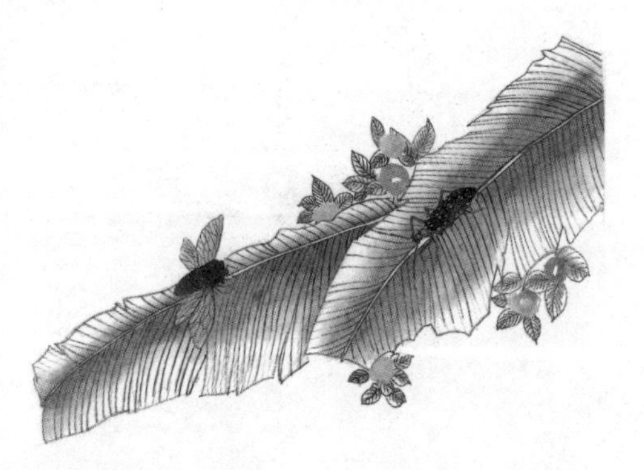

植树种草，并把它装点得恬静优雅，所以一些文人常将书房设在这里。这个小院通过月亮门或屏门与正院相通。

厢房位于正房的东西两侧，不如正房高。厢房内多以隔扇分成一明两暗或两暗一明格局，明间为堂屋，暗间为卧室。厢房靠南处也有耳房。东西厢房是给第二代人准备的，偏南的房间一般也可做餐厅或厨房使用。西厢房外的耳房是给仆人居住的，有的也被当成厕所。

倒座房，就是南房。之所以称为倒座房是因为正房坐北朝南，而它刚好与正房相反。倒座房一般不如正房讲究，很少有廊，前院也不大。大门东边的倒座房是为私塾先生准备的，然后依次为门房或男仆居室、大门、会客间，最西边是厕所。

后罩房位于院落的最深处，最为私密。房间数与倒座房相同。一般是女儿及女佣所居住的地方，有时也用来堆放杂物。

总之，住房分配的整体原则为北屋为尊，两厢次之，杂屋为附，倒座为宾。这体现了尊卑有别，长幼有序的等级和传统的伦理观念。

三、四合院的单体建筑

（一）门

门在四合院整体建筑中占有的面积非常小，地位却非常高。这不仅表现在它的构成要素众多，还在于它被赋予了很多的文化意义。

北京四合院的门有很多的讲究。首先它是地位的象征，因为人们认为门是脸面，住宅及其大门直接代表着主人的品第等级和社会地位，所以对门的要求尤其严格。人们经常用门来形容人的等级，如朱门大户、柴门草户等。所谓“门第相当”“门当户对”，指的也是这个意思。其次，它代表了一种主人与客人的界限，尤其对于显贵与贫民，门的不同很容易让人感到等级差别。

北京四合院住宅的大门，从建筑形式上可分为两类，一类是有官阶地位或经济实力的社会中上层阶级使用的由一间或若干间房屋构成的屋宇式大门，另一类是社会下层普通百姓住房在院墙合龙处建造的墙垣式门。

屋宇式大门又分为王府大门、广亮大门、金柱大门、蛮子门、如意门等。

王府大门位于主宅院的中轴线上，是屋宇式大门中的最高等级，极其气派。封建社会，王府大门的间数、门饰、装修、色彩都是按规制而设的，通常有五间三启门和三间一启门两等。最具代表性的是什刹海北岸的清醇王府大门，它就是昔日王府大门中比较讲究的那一种。位于后海南岸的清恭王府是三开间，上覆绿色琉璃瓦，原是乾隆帝的宠臣和珅的府邸，后来封赐给恭亲王。

广亮大门在屋宇式大门中的地位仅次于王府大门，是具有相当品级的官宦人家采用的宅门形式，也是屋宇式大门的一种主要形式。这种大门的位置与大

小都不同于王府大门：一般位于宅院的东南角，占据一间房的位置。广亮大门门口比较宽大敞亮，门扉开在门厅的中柱之间，使大门显得宽敞亮堂，这可能也是广亮大门名称由来的原因。

金柱大门是略低于广亮大门的一种宅门，也是具有一定品级的官宦人家采用的宅门形式，这种大门的门扉安装在金柱（俗称老檐柱）间，所以称为“金柱大门”。这种大门同广亮大门一样，也占据一个开间，它的规制与广亮大门很接近，门口也较宽大，虽不及广亮大门深邃庄严，仍不失官宦门第的气派，是广亮大门的一种演变形式。

蛮子门品级低于金柱大门，是一般商人富户常用的宅门形式。它的门扉安装在外檐柱间，门扇槛框的形式仍采取广亮大门的形式，门扉外不留容身的空间。

如意门是北京四合院最普遍使用的一种宅门，一般是在政治上地位不高，但却非常殷实富裕的士民阶层多采用的宅门形式。如意门的门口设在外檐柱间，门口两侧与山墙腿子之间砌砖墙，门口比较窄小。如意门洞的左右上角挑出的砖制构件常被雕琢成如意形状，门口上的门簪也多刻有“如意”二字，以求吉祥如意，这大概也是如意门名字由来的原因。如意门这种形式因为不受等级限制，可以任意装饰，所以其形式变化非常丰富。

人们除了喜欢使用屋宇式大门外，民宅中有很多也采用墙垣式大门。小门楼是这种大门的最普遍、最常见形式，多建在中、小型四合院。一般的墙垣式门都比较朴素，主要由腿子、门楣、屋面、脊饰等部分组成。

此外，门作为封建社会地位权势的象征，它的结构也是十分丰富的。

1. 门楼

人们通常所说的门楼是院门上头由砖瓦构成的顶部。不过按照建筑学的说法，它实际上应该包括抱鼓石、门簪、台阶和门旁的侧墙等。这里所说的门楼是指人们习惯叫法中的门楼。王府宫

门的门楼讲究气派、级品，但形式上变化不大；平常百姓家的门楼没有那么多的要求，大多可以根据自己的喜好和经济实力自行设计。这些门楼式的街门与大宅院不同，多有装饰，各具特色，颇为讲究。其形式大概有以下几种：

清水脊门

这种门楼是平民院落中最为讲究，最为费工，成本最高的一种门。其门楼的外形如房屋顶一样，顶部砌圆筒瓦，由阴阳瓦合成前后两坡，这些瓦片组成的覆盖层主要是用于防水排水。这种门楼的最上两端，各有翘起的房脊头，其形状如街门门楼要腾飞一般。因为需要起脊，有的还要砌雕刻的花砖，所以建造比较费工。整座街门刷成青黑色，后来也有人刷成白色。由于这种门楼的顶部与鱼背非常相似，所以这种门在行话中也称之为“鱼脊门”。现这种街门及门楼在大胡同中仍可见到。

道士帽门

是北京最多的街门门楼形式，清廷设置的京西蓝靛厂外火器营是道士帽式门楼最为集中的地点（3176座）。这种门楼与清水脊门类似，只是不用起脊，所以较清水脊门更划算一些。这种门楼在清时的旗营内极多，所以，人们又称这种街门为“旗营门”。

花轱辘钱门

是百姓居住的四合院中极常见的小门楼。这种街门的门楼是在门的上部四角立起四个垛子，在砖垛子之间用青瓦拼起几块互相连接的形似外圆内方的铜钱状的花饰，俗称轱辘钱，取富贵到家之意。为了突出这种花轱辘钱的形状，人们用白灰调浆，将花轱辘钱部分刷成白色，再用青灰水把四周刷成黑灰色。这样黑白分明的轮廓使人们看得更加清晰。花轱辘钱门除门楼与清水脊门不同外，还有这种门的砖及砖缝都露在外面，不用灰膏找平，老人们称其为“步步上台阶，阶阶上有钱”。

随墙门

随墙门应该是最简单的门楼形式了。它没有华丽的门楼，和墙的顶部一样，只是比墙稍高。

到了民国时，由于受到外来文化的影响，门楼的形式也发生了一些变化，出现了很多外国式样的门楼，如云间会馆的三角佛塔形门楼。

2. 院门

四合院的门是将门槛镶入门枕石的沟槽中，再将门框镶嵌于门槛中，门框、门楣相互连接，与门墩、门槛牢牢地吻合在一起。这样只要其中某一部分不损坏的话，门就不会从外面倒塌。门扇上达旋转轴，下部插入门枕石门内侧部分凿出的孔洞中，上部用一个叫"连楹"的装置固定在门楣的内侧，通过这个装置，即使是一个小孩子也能轻而易举地推开一扇厚重的门扇了。

下面介绍一下院门的各个部分。

门环和铺首

北京民宅中稍有点脸面的院门上，都有一对金属器物，俗名"响器"，官名"门钹"，北京人则称为门环。固定镶扣在大门上的底座称为铺首，又叫门铺。铺首、门环都是大门上不可或缺的重要组成部件。

门环主要起叫门的作用，是给位于门内侧的门役准备的。用铆钉固定在两扇宅门上，左右各一个。门环的种类很多，有圆形、椭圆形和扁叶形的。一般人家的门环是在凸出的铁制脐上吊个铁柳树叶似的响器，为六角形或扁叶形，制作都比较简单。官宦、商贾的宅门多用扁叶形铜环儿。王府宅门多用半圆形，而且只有王府的门环上才可以进行如兽面的装饰。这种门环发展到后来，人们使用铁丝和绳系上铃铛叫门，这在一定程度上也可以认为是今天门铃的前身。

至于铺首的使用，已经有很多年的历史了。铺首的造型可以非常简单，也可以非常的复杂，直径从几厘米到几十厘米不等。制作材料有铁、青铜、黄铜等，封建时代，铺首的使用也是有着严格的等级规定的，普通人家的

铺首多为熟铁打制，雕有花卉、草木、卷云形花边图案再配以圆圈状的门环或菱形、令箭形、树叶形门坠。皇子王孙、达官显贵、富甲豪绅家大门上的铺首多用铜制鎏金制作，造型多为圆形，而且造型多种多样，极其气派。

门簪和包叶

门簪的作用主要是装饰大门，是随墙门的小院上的装饰物。根据宅门大小的不同，门簪的数量也是不同的：小户人家多是两枚，大宅门多是四枚。其外形多为圆柱形或六方、六角圆柱形。门簪上面雕有福寿、吉祥、平安或一门五福、出入平安等吉词颂语。大门的另一装饰品是包叶。包叶有保护门板的作用，均为金属片，有铜的、铁的。包叶头用如意形状，表面冲压出擅字不到头的花纹，寓含“万事如意”的意思。

3. 门墩

门墩，京城人又称门座儿、门台儿，在建筑学中的正式名称为门枕和门鼓。门墩是中国老式住宅四合院中用来支撑正门或中门的门槛、门框和门扇的石头，是在伸出门外侧的中间凿出槽沟的条石（称门枕石、门脚石或门砧）上放鼓形或箱形的装饰物。枕石的门内部分是承托大门的，门外部分往往雕以鸟兽花饰，又叫抱鼓石。门墩的表面刻有很多精美的图案，这些门墩借助人物、草木、动物、工具、寓言、几何图案，表达了四合院的建筑者们希望长寿、富贵、驱魔、夫妻美满、家族兴旺的美好心愿。如“化鱼为龙”，雕鲤鱼跃于两山之间的流水之中，表示鲤鱼跳龙门，象征着仕途高升；“飘带”，飘带图案表示“好事不断”；“三阳开泰”，雕三只绵羊，表示三阳已生，否极泰来，即情况由坏变好，一切都向好的方向发展；“白猿偷桃”，是祝愿老年人寿长万年的象征。

（二）影壁、上下马石和拴马桩

1. 影壁

影壁，南方人称为照壁，古代称为“萧墙”，词典上解释为：大门内或屏门内做屏蔽作用的墙壁。它是北京四合院大门内外的重要装饰壁面，既可遮挡院内杂物，又可以使外来人看不见院内的情况，具有保私性。影壁垒砌考究、雕饰精美，上面刻有吉辞颂语，有提升四合院的文化品位的作用。

在中国古代，影壁的设置是分成等级的。西周时影壁作为地位和身份的标志，只有皇家宫殿、诸侯宅第、寺庙建筑才能建造。由于影壁的现实功用，随着时间的变化，这种限制逐渐被取消了，官宦和富贾也可以使用影壁了。不过，在影壁的规格和建造形式上还是有一定的限制。所以，当时的影壁还具有等级划分的意义。

四合院常见的影壁有三种形式，一种位于宅门里面，成一字形迎门而设，叫做一字影壁。这种影壁又有独立和坐山之分，独立影壁是设立在东厢房南山墙位置独立于厢房山墙或隔墙之外的；坐山影壁是厢房的山墙上直接砌出的与山墙连为一体的影壁。第二种是设立在宅门外的影壁，又称为照壁。这种影壁位于胡同对面正对宅门处。也包括两种形式：一字影壁和雁翅影壁。这两种影壁可以独立存在，也可以依附于对面宅院的墙壁，主要用于遮挡对面房屋和不甚整齐的房角檐头，使经大门外出的人有整齐、美观、愉悦的感受。还有一种反八字影壁或叫做撇山影壁，它斜置在宅门前脸的山墙墀头的东西两侧，与大门檐口成 120° 或 135° 夹角，平面成八字形。因为这种影壁制作时要将门向里退进 2–4 米，所以在它的映衬下，宅门显得更加开阔。

四合院宅门的影壁，建筑材料主要有砖、瓦、石材、木料、琉璃等种类，绝大部分为砖料砌成。影壁上每块砖都是磨制的，垒砌时要磨砖对缝。影壁分为上、中、下三部分，下为壁座，是影壁的基石，用砖或石筑成；中间为影壁心——壁身，壁身砌出框架，框芯表面用一尺见方的方砖或琉璃砖斜向45°铺砌，中心和四角有琉璃或砖雕成的吉祥词语，如“福”字、“寿”字，或花鸟动物，寓意吉祥；影壁上部为壁顶，如同一间房的屋顶和檐头。壁顶上装筒瓦，用砖或琉璃砌成檩、椽形状，有硬山式、悬山式、歇山式、庑殿式等。

影壁与大门有互相陪衬、互相烘托的关系，二者密不可分。它虽然只是一座墙壁，但由于设计巧妙、施工精细，在四合院入口处起着烘云托月、画龙点睛的作用。

2. 上下马石和拴马桩

上马石和拴马桩是过去四合院宅门外必备的设施，但是它并不属于四合院的基本建筑。

上马石是位于宅门两侧的巨石，侧面成“L”形，面积为70×60厘米，高50厘米，由于当时的主要交通工具是轿子、马车和马匹，这样做可以为上下马提供方便。门前虽然说是设置上下马石，其实通常将两块都称为上马石，因为下马石听着不雅。

如果有客人来，还需要一个拴马的地方，于是有了拴马桩，也有人称其为拴马环、拴马洞。拴马桩多设在四合院临街的倒座房的外墙上，距地面约四尺，桩子即为两房屋之间的柱子，砌墙时，先留出空柱，再砌上用石雕做成的石圈，石圈门内即为房柱，柱上有铁环，铁环直径为两寸，由小拇指粗的盘条做成。石圈高约6寸，洞宽4.5寸，进深约3寸。

上下马石和拴马桩也是等级划分的一个标志。

（三）垂花门、屏门、看面墙和抄手游廊

垂花门就是沟通内外院的门，俗称二门，又称内门，坐落在院落的中轴线上，大多坐北朝南，因前檐下垂不落地的垂莲柱而得名。

在垂花门以外的倒座房或厅房及其所属院落算作外宅，它是接待外来宾客的地方；垂花门以内的正房、厢房、耳房以及后罩房等则属内宅，是供自家人生活起居的地方，内宅是不允许外人进入的。在封建社会，未出嫁的香闺小姐“大门不出，二门不迈”，所指“二门”就是这道垂花门。

作为内宅门的垂花门，也标志着房主人的社会地位和经济地位。官宦富贾都很重视对二门的修饰装点，所以，垂花门也是很讲究的。屋顶、屋身、台基、梁、枋、柱、檩、椽、望板、封掺板、雀替、华板、门簪、联楹、板门、屏门、抱鼓石、门枕石、磨砖对缝的砖墙等等一应俱全，各种装饰手段，如砖雕、木雕、石雕、油漆彩画都加以运用，相衬得体，十分华丽悦目。垂花门是几乎各个突出部位都有讲究的装饰性极强的建筑，如“麻叶梁头”“垂莲柱”，就连联络两垂柱的部件也有“玉棠富贵”“福禄寿喜”等寄予房屋主人美好愿望的雕饰。不过，宅门中传统的垂花门现在已不易看到。

垂花门的使用极为广泛，除用于住宅建筑中，还应用于园林、宫殿、寺庙等建筑当中。如颐和园中许多小院都是用垂花门为出入口的，北海琼岛上也有几座垂花门，北岸铁影壁后边有一座重檐的垂花门等。正是由于垂花门这么广泛地被应用，所以它的形式也是灵活多样的，有担梁式、一殿一卷式、单卷棚式、独立柱式、歇山式、廊罩式、十字形垂花门等等。最常见的是一殿一卷式垂花门和单卷棚式垂花门。

虽然垂花门有这么多的变式花样，但它不仅仅是为了美观而设的，它还起到一定的防卫功能和屏障作用。垂花门总共安有两道门，一道比较厚重，

白天开晚上关，与街门相似，具有一定的防卫功能，这道门也称为“棋盘门”或“攒边门”；另外一道是“屏门”，这道门平时都是关着的，除非有婚丧嫁娶等重大事件，人们才能走屏门两侧的侧门或垂花门两侧的抄手游廊到达内院和各个房间。垂花门的这种功能，充分起到了既沟通内外宅又严格地划分空间的特殊作用。

屏门不但是二门中的一道门，而且还是划分外院空间的门。四合院中除去二门可做屏门以外，屏门也常常用来分割宅门两侧和前院西侧的第一间或第二间倒座房的位置的空间。在大中型宅院中，以屏门划分空间的手法使用比较广泛。

垂花门的两侧连接着抄手游廊。抄手游廊一般都成曲尺形，连接北房、东西厢房和垂花门，使整个内宅形成一个整体。所以在正房、厢房之间，一般也都有游廊。这些游廊既起着通行和丰富内宅建筑层次及空间的作用，同时抄手游廊也是开敞式附属建筑，既可供人行走，躲避风雨日晒，又可供人小坐，观赏院内景致。

游廊的外一侧有一道称为看面墙的隔墙，看面墙与垂花门一样都具有分隔内外宅的作用，由于它位于极其讲究的垂花门两侧，所以它的装饰也是很讲究的。很多人家都会配以造型奇美的砖雕或什锦窗。

上面所介绍的垂花门、屏门、看面墙和抄手游廊不是四合院的主要建筑，但它们对于四合院的组成也是必不可少的，因为它们在装点宅院、分割空间、衬托主要建筑、烘托环境气氛方面有着非常重要的作用。

四合院所采取的建筑形式比较简单，一般都是硬山式建筑，这种建筑形式的特点是屋面起脊分作前后两坡，施青灰色瓦。两侧的山墙砌到顶，将木构架全部封砌在墙内，从侧面看不到木构架。四合院中唯有垂花门采用较活泼的悬山形式，四面都不砌墙，屋面向两侧延展挑出，从各面都能看到木构架，使这座沟通内外宅的二门既典雅庄重又富有活力。

四、四合院的装饰文化

（一）砖雕、木雕和石雕

木雕和石雕雕刻艺术在四合院建筑中被广泛采用，砖雕、石雕、木雕艺术在北京四合院的装饰艺术中都占据着相当重的分量。这些雕刻艺术在描绘生活、抒发情感、表现追求、寄托理想的同时，展现了古代建筑设计师和能工巧匠的精湛技艺，称得上是不朽的艺术佳作，也为中国的传统居住文化添上了绚丽的一笔。

1. 砖雕

北京四合院的砖雕使用范围广泛，门头、墙面、屋脊等醒目部位均有表现，题材内容极为丰富，构图古拙质朴，形成了北京四合院砖雕富贵、华丽、高雅的独特韵味。

北京四合院的砖雕首先应用在宅门上，住宅的大门是体现门面的建筑，所以门头自然成了重点装饰部位。砖雕门头部位有挂落板、冰盘檐、戗檐、栏板、望柱等，在广亮大门、金柱大门、蛮子门、如意门等多种形式的门上都刻有精美的砖雕。广亮大门的墀头上端往往刻突出醒目的砖雕，金柱大门的这个部位也是装饰的重点，但有时颇为讲究的人也在檐柱与廊柱的廊心墙部位做雕饰。蛮子门也着重在墀头的戗檐做雕刻。不过，像王府大门、广亮大门这样的王公贵族和官僚的宅门，由于受严格的制度限制，一般不加过于繁复的雕饰。反倒是如意门的雕饰更加丰富，这种门庭里的人有钱不为官，为炫耀财富，通常都很注意装点门面，所以如意门的砖雕可以称得上是四合院宅门装饰的代表。如意门砖雕除了墀头处外，还主要注重门楣，门楣雕刻一般是在门洞上方安挂落砖，在挂落上方出冰盘檐若干层，冰盘檐上方安装栏板望柱。这种形式不是一成不变的，比如有的门楣也在挂落板上面摆须弥座，还有的用一大块的富贵牡丹花板替代冰盘檐、栏板和望柱。讲究的如意门挂落、冰盘檐、栏板、望柱上

均雕满了装饰，非常华丽。雕刻的题材也多种多样，有富贵牡丹、梅兰竹菊、福禄寿喜、玩器博古、文房四宝等等，随主人的志趣爱好而选择题材。最简朴的墙垣式也有在挂落、头层檐和砖椽头做砖雕的。

其次是影壁。作为宅门的重要陪衬，影壁是重点的雕刻部位，尤其是宅门内的影壁，主要装点部位是影壁心部分。硬心影壁一般都是正中雕有中心花，四角雕岔角花，题材多为四季花草、岁寒三友（松竹梅）、福禄寿喜等。软心影壁是在心的中心和四角镶嵌砖雕花饰，其他部分抹饰白灰面层。位于大门内侧的影壁，中心花部位还常雕出砖匾形状，其上刻“福禄”“吉祥”“平安”等吉词。影壁的其余部分也多有装饰，如在第一层砖檐等处做的雕饰。大门外侧的影壁，其雕刻部分略为简单。

墀头墙指的是山墙突出檐柱的部分。这部分的砖雕主要由戗檐、垫花和博缝头组成。其中，戗檐的雕刻题材最为广泛。垫花分为两种，一种是常刻有牡丹、太平花等花草图样的花篮状垫花，另一种是倒三角形垫花，戗檐的外侧突出的那部分称之为博缝头，常常刻万事如意、凤凰展翅以及富贵牡丹等吉祥图案。

讲究的四合院住宅，在正房或厢房的廊心墙上面也进行雕饰，廊心墙是指房屋外廊两侧的墙面和金柱大门外廊两侧的墙面，正因为这样的位置，所以很多人也注意廊心墙的装饰。经常是在廊心墙上方的墙身上做文章，内里刻花草或做砖额，四角刻岔角花，题材多为兰竹花草，题额内容诸如“蕴秀”“竹幽”“兰媚”“傲雪”等，闲雅秀逸、耐人寻味。比较为人所关注的墙面，如垂花门两侧的墙面，以及其他显著位置的墙面，因其位置的重要，所以常加以装饰。垂花门两侧的墙面的装饰主要与其墙是否有什锦窗有关。垂花门墙面上有什锦窗的，则对什锦窗进行雕饰。什锦窗多用于垂花门两侧的看面墙上，形状采自各种造型优美的器皿、花卉、蔬果和几何图形，形式丰富多样，用“月洞”“扇面”“宝瓶”“蝠磬”“海棠”“桃”等各种图案做成，多见于园林建筑中，颇具艺术特色和趣味性。窗外侧的砖质贴脸（宽度一般在四寸左右）是什锦窗砖雕的主要部位，首先需要依照图形的不同，在贴脸内圈出需要的各种池子，然

后在池子内做雕刻；或者是补贴来分成不同的部分，然后设计图案进行雕刻。相邻或相近的窗形应富于变化，不能重复。垂花门两侧的墙面上如果没有什锦窗，则需要加以装饰。主要的装饰手段为：素面墙心或在墙心内加砖雕装饰。

在檐头房脊等处，也不乏精美的雕饰，如在房顶正脊两端做“蝎子尾”装饰（向斜上方高高扬起的饰物），蝎子尾的下方还饰有“花草盘子”，其中平砌的称“平草”，陡跨在脊的称“跨草”，题材多为四季花、松竹梅、富贵花（牡丹），寓意美好吉祥。随着时代的更迭，这种雕尾的形式发生了很大的变化：南北朝时期的“鸱尾”到隋唐时期演变成近兽形的鸱尾，再到后来像鱼形的鸱尾，到明清时鸱尾的尾部图形已向外卷曲。但不管怎么变化，都代表屋主人美好的愿望。“蝎子尾”最初作为驱邪之物而出现，关于“蝎子尾”的传说有三种：一是“鸱尾”，即鸱鸟之尾，有扶正辟邪之意；二是“鱼尾”，说是天上有鱼尾星，建在屋顶可以驱火防灾；三是“龙尾螭尾”，即螭龙之尾。这些尾只在黎民百姓中使用，帝王宫殿中使用的称之为“鸱吻”“龙吻”“螭头”。后来人们在使用过程中不再特别注重它的原意，而是作为一种装饰手法，并成为四合院传统建筑的一个显著风格与特点。

北京四合院千姿百态的砖雕，工艺极其精湛，图案优美多变，它们的使用使整个四合院更具浓郁的地方传统风格。这些砖雕又是怎样完成的呢？砖雕的做法主要有雕砖和雕泥两种。雕砖是在一烧好的砖料上，按设计好的图谱进行放样雕刻。泥雕是在泥坯脱水干燥到一定程度时进行雕刻，然后将雕好的成品放入窑内烧结。我们通常所说的砖雕是指在砖料上的雕刻，雕刻的工序大概是：放样、过画、耕、打窟窿、镳、齐口、捅道、磨、上药、打点。所以，砖雕的工艺是非常复杂的。创作砖雕作品需要有深厚的功底和长期全面的艺术修养，绝非一时之功。

2. 木雕

木雕在四合院中的应用比较广泛，用于建筑的时间与石雕差不多，艺术价值很高，可惜的是保存下来的已经不多。

用于宅门的雕刻

四合院的门通常在上半部做成十字棱条或步步紧套方木格，可装玻璃也可糊纸；下半部在门边中装门芯板，门芯板可刻上曲线花纹。屋门、隔扇门多用玻璃或窗格形式，而临街的门和门楼都用板门。讲究的人家还在木门上雕出花卉、葫芦等图案来突出门的美观性，还有将“忠厚传家久，诗书继世长”的楹联直接刻于门上的。

门簪是门部木雕的部位之一，主要在正面雕象征四季富庶吉祥的四季花卉或福字、吉祥、平安等代表吉祥的词语，多用贴雕，蕃草多为用于广亮大门、金柱大门的木雕刻，还有檐房下面的雀替雕刻，采用剔地起突雕法。门联的木雕多采用隐雕，刻在街门的门芯板上，雕刻的多为书法家的手笔，艺术价值很高。

垂花门的雕刻——花罩、花板、垂柱头

花罩多雕岁寒三友、子孙万代、福寿绵长等常用吉祥图案；垂柱头中的圆柱头多雕莲瓣头和风柳摆，方柱头多做四季花卉为主的贴雕。

隔扇

大凡有身份人家的四合院，室内一般都不砌成固定隔断，间与间多采用木隔扇分成小单元。这种形式拆启自由，灵活方便，可以根据需要随时变更空间。而精巧轻便的木隔扇又可作为一种特殊的室内装饰品，给人带来一种舒适典雅的美感。因为隔扇有多姿多彩的窗格，还镶有玲珑剔透的木雕花卉，每扇芯板上或浮雕花纹，或附予彩绘，风韵独特的细木装修，使居室充满了温馨与浪漫的气氛。

除此之外，四合院中的走廊、影壁、挂落屏风及柱头枋下的雀头、花牙子，在制作上工艺也是十分精湛，无论是格局还是造型极具观赏性。这些用木材制成的物件以其特有的形状、体态、色彩和质感构成无数点、线、面的有机组合，形成了四合院建筑造型艺术的诸多内容。也给人们营造出一个舒适、和谐、多趣的生活空间。

常用的木雕工艺有平雕、落地雕、圆雕、

透雕、贴雕和嵌雕等。

北京四合院之所以有这么多的木雕作品，与木材在其建筑结构中发挥的重大作用是分不开的。老北京传统四合院最大的特点是以木材作为房舍支撑物和骨架结构，这就大大减轻了四周墙体的负重量。而有些房屋不用砖石砌成隔断，采用了木制板壁和隔扇将间与间隔离，这种隔扇并不负重，只是为了使用上灵活方便。屋顶骨架主要是木质结构，分成柁、檩、椽、枋等几部分。为了使屋架牢固，匠师们采用了特殊方式将其各部位紧密连在一起，斗、拱、枋等就是最常见的物件。作为房屋顶部主要支撑物的柱子要立于地基之上，所用木材须粗实且抗腐力强。北京四合院建筑木结构的制作和使用，实用科学，具有艺术性。

3. 石雕

石雕在中国传统建筑中应用很广，其历史比砖雕要悠久得多。石雕主要用于宫殿、坛庙、寺院、陵寝及纪念性建筑，用于普通民居的并不多，甚至远不如砖雕用得广泛。这主要是因为民居中采用石料的部位较少，且做法都比较朴素。尽管石雕在四合院中应用不多，但其艺术价值却是不容忽视的。

抱鼓石

抱鼓石是用于宅门门两侧的重要石构件，分为圆鼓子和方鼓子两种。圆鼓子多用于大中型宅院的宅门，一般分为上下两部分，上部是由大圆鼓和两个小圆鼓组成圆形鼓子部分，大鼓呈鼓形，两边有鼓钉，鼓面有金边，中心为花饰。小鼓是大鼓下面的荷叶向两侧翻卷而形成的腰鼓部分。圆鼓子石的下部是由上枋、上枭、束腰、下枭、下枋、圭脚组成的须弥座，须弥座的三个立面有垂下的需要做锦纹雕刻的包袱角。圆鼓子上面的狮子，有趴狮、卧狮和蹲狮等不同做法。趴狮的前面只有狮子头略略扬起，狮身含在圆鼓中，基本不占立面高度；卧狮是将俯卧的狮子形象刻在鼓子上；蹲狮（又称站狮）前腿站立，后腿伏卧，头部扬起。圆鼓子的正面，一般雕刻如意草、宝相花、荷花、五世同居等图案。圆鼓子两侧鼓心图案以转角莲最为常见，麒麟卧松、犀牛望月、松鹤延年、太

师少师、牡丹花、荷花、宝相花、狮子滚绣球等，也是比较常用的图案。方鼓子比圆鼓子略小，多用于小型如意门、随墙门等体量较小的宅门，由方鼓和须弥座两部分组成。方鼓上刻有卧狮，多用阴纹或阳纹线刻金边，以回纹、丁字锦纹图案为主。方鼓子侧面及正面的雕刻内容可有回纹、汉纹、四季花草，也可安排松鹤延年、鹤鹿同春、松竹梅等吉祥图案，并且其雕刻内容由于不受圆的形状限制，画面安排起来灵活多了。

滚墩石

用于独立柱垂花门或者木影壁的根部，起稳定垂花门或影壁的作用，同时又富于装饰效果。它的雕刻内容、纹饰与抱鼓石大致相同。立面由大圆鼓子、小圆鼓子、须弥座或直方座构成，大圆鼓子顶面刻有趴狮，圆鼓子心常采用的图案有转角莲、太师少师、犀牛望月等，正面则多刻有如意草、宝相花等。

泰山石

北京四合院或大的宅第四角处多立有高三四尺的青石，上面写着“泰山石敢当”五个大字。北京住宅主人常把这种青石放在比较重要的位置或要道上，希望能够镇邪伏煞，所以也有人叫它镇宅石。有诗赞“泰山石敢当”的护宅之神力：“甲胄当年一武臣，镇安天下护居民。捍冲道路三岔口，埋没泥涂百战身。铜柱承陪间紫塞，玉关守御老红尘。英雄伫立休相问，尽见豪杰往来人。”也有人认为，北京宅地之所以立“泰山石敢当”是为了保护房屋的四角易触处，免得墙角处被来往车辆刮撞。目前存有“泰山石敢当”的地方有很多，比如东城区翠花胡同一院外就曾有“泰山石敢当”。这些镇宅石的雕刻图案也多比较精细，有四周绘刻云头图案的、虎头形状的，非常引人注目。

挑檐石、角柱石

挑檐石一般是比较讲究的四合院用在墀头上的，它一般不做雕刻，位于它下面的角柱石，一般也不做雕刻。

可以设有石雕的部位还有陈设墩和绣墩。

四合院的石雕刻从雕刻技法上主要有平雕、浮雕和圆雕三种。

（二）油饰和彩绘

木质结构是四合院建筑的一个主要部分，但是木质结构很容易被腐蚀，所以古代人常使用油饰色彩来达到防腐的目的。色彩油饰最初使用时，并没有进行明显的区分，它们那时都是为了保护木构件，也起到一定的色彩装饰作用。随着人类建筑活动的发展，油漆和彩画才逐渐分离开。后来才逐渐有“油作”与“画作”之分，“油饰”是指凡用于保护构件的油灰地仗、油皮及相关的涂料刷饰；“彩画”是用于装饰建筑的各种绘画、图案、线条、色彩。

油饰彩绘的使用也是有严格的等级区别的，比如在明代象征皇权的龙凤等纹饰，只许皇家使用。明代的油饰和彩绘被划分为五个层次，每个阶层都有各自的装饰内容和色彩，可见明代对各阶层人士的房屋装饰规定是非常严格的。清代也具有极为严格的区别。不过随着朝代的更替、时间的变更，这种等级规定逐渐放宽。

油饰彩绘发展到后来既用来防腐，又起到重要的装饰作用。四合院的油饰主要用来保护外露的柱子、檐枋等木构件。正房、厢房等正式房的柱子多刷红色；门窗多刷绿色；游廊、垂花门的柱子多刷绿色；游廊的楣子边框则多刷红色，红绿相间，相映成趣。房间和游廊的檐下，画有彩绘图案。四合院的彩绘采用苏式彩画，形式活泼，内容丰富，主题部位在正中心，呈半圆形，称为包袱，包袱心内画人物山水、花草鱼虫、翎毛花卉、历史故事等题材。多数四合院的彩绘采取只在枋、檩端头画图案的简单形式，称为“掐箍头”。

1. 四合院建筑中的油饰

中国传统建筑的油饰分为两个层次：油灰地仗和油皮。

油灰地仗是油饰的底层，是由砖面灰（对砖料进行加工产生的砖灰，分粗、中、细几种）、血料（经过加工的铝血）以及麻、布等材料包裹在木构件表层形成的。地仗开始使用时，一般只对木构件表面的明显缺陷用油灰做必要的填刮平整，然后钻生油（即操生桐油，使之渗入到地仗之内，以增强地仗的强度、

韧性及防腐蚀性能），做法比较简单，也比较薄。后来地仗越做越厚，这主要是因为历史比较久远的建筑经过反复的维修，表面很不平整，只能通过加厚地仗来使它恢复原貌；再有就是因为人们后来发现用很薄的地仗是不能长期抗御自然界各种侵蚀的，需要增加地仗厚度、加强地仗的拉力。

油皮是油饰的表面色彩，涂刷在木制构件的表面，其色彩起到烘托表现四合院整体环境的作用，所以历来备受重视。传统的油饰色彩，一般都是由高级匠人将颜料入光油或将颜料入胶经深细加工而得。我国古代使用的油饰色彩已经非常丰富，如朱红油饰、紫朱油饰、柿黄油饰、金黄油饰、米色油饰、广花油饰、定粉油饰、烟子油饰、大绿三绿及瓜皮油饰、香色油饰等等，涂料有广花结砖色、靛球定粉砖色、天大青及样青刷胶、红土刷胶、桶木色等。因此，用于建筑的油饰色彩也十分丰富。这样看来，近年来出现的四合院油漆仅有红绿两色的现象显然是不符合历史传统的。

不同的油饰色彩的使用能够体现建筑主人的等级，当然也具有一定的装饰效果。以明亮鲜艳的紫朱油或朱红油进行装饰（多见于大门）多用于体现王侯"凡房庆庑楼屋均丹楹朱户"的非凡气派和宅主人显要尊贵的社会地位，这当然是王公贵族居住的建筑用色；一般的民居四合院也运用高彩度的朱红颜色，但这种运用是有节制的，一般只用于建筑榴头的连椃瓦口、花门垫板及用来强调某些特殊部位、强调明暗对比的地方，较灰暗的红土烟子油或黑红相间、单一黑色的油饰才是一般官员、平民住宅用色。

从上面的颜色等级变化（紫朱油到红土烟子油），我们不难看出，古人是非常善于使用色彩的。不同等级的建筑虽然使用不同的色彩，但他们基本都在红色系内变化，这说明古人对色彩是十分了解的，充分利用了二色之间彩度、明暗度或是色相色温变化导致的差别。这样的变化不仅避开了一般民宅用红与王府用红之间等级差别的忌讳，而且在色相运用上又保持了相互间的和谐与统一。

紫朱油或红土烟子油的广泛采用，还因为这两种颜色本身的特点。它们属于带紫色调的暖红色，给人一种亲切热烈的色彩感，可以给建

筑物带来盎然生机。四合院油饰色彩的另一个常见而且具有浓郁地方特点的用法是“黑红净”，它是用黑色油（烟子油）与红色油（紫朱油或红土烟子油）相间装饰建筑构件，如：椽望用红色油，下架柱框装修用黑色油；大门的槛框用黑色油，余塞板用红色油；门扉的攒边用黑色油，门联地子用红色油。这种黑红净装饰的做法可产生稳重、典雅、朴素而富于生气的效果。

2. 四合院建筑的彩画

彩绘艺术历史悠久、绚丽多姿、含义精深。从远古的敦煌壁画到明清的皇宫寺院，乃至遍布京城的民居宅舍，油漆彩绘应用之处十分广泛，尤其是老北京的四合院以油漆彩绘为装饰者更是常见。

彩画在四合院建筑中的应用大体有以下六种情况，这六种情况也可以代表六种不同等级，分别为：大木满做彩画，大木做“掐箍头搭包袱”的局部苏式彩画，大木做“掐箍头”的局部苏式彩画，只在椽柁头部位做彩画、其余全部做油饰，只在椽柁头迎面刷颜色，所有构件全部做油饰。以上六种做法，在不同等级的四合院中均有体现。古时候人们非常重视宅门、二门（垂花门）的彩画装饰，所以这些部位的彩画要比宅院内其他建筑的彩画高一个等级，比如内宅正房、厢房做“掐箍头搭包袱”彩画，那么该院的大门、垂花门则要满做苏画。

彩画作为四合院建筑重要的装饰手段，主要是运用鲜艳的色彩在建筑构件上绘画以达到装饰目的。四合院的彩画种类主要有以下几种：

旋子彩画

旋子彩画是三类彩绘中最为讲究、级别最高的一种，广泛用于王府建筑的彩画。这些贵府大院的装饰图案都有严格规范，其构图分为三部分，中间一段为枋心，左右两段为对称形，称做藻头和箍头。旋子彩画的主题纹饰，主要表现在檩枋彩画的枋心内，枋心内可画龙画锦并施以重彩，还可以点金，有“龙锦枋心”“花锦枋心”“一字枋心”等类型。箍头部分用金线墨线勾画图案，以青绿色退晕，因彩画外边缘有漩涡状花纹，故被称做“旋子彩画”。旋子彩画

从纹饰特征、设色、工艺制作方面分，大致有八种做法：混金旋子彩画、金琢墨石辗玉、烟琢墨石辗玉、金线大点金、墨线大点金、小点金、雅五墨和雄黄玉。王府建筑对旋子彩画的运用，最多的是金线大点金和墨线大点金，其中个别重要的建筑如大门等，亦有用金琢墨石辗玉做法的，值房类等附属建筑一般用小点金或雅五墨彩画。旋子彩画的设色用金面积的大小都具有反映等级的固定的规制。旋子彩画用色以青绿二色为主，按图案设色划分部位是其主要特征，色彩分布按“青绿相间”的原则，使构成图案的色彩协调均匀。

和玺彩画

和玺彩画与旋子彩画的最大不同是所画内容不一样，他们的绘制格局是大体相同的。和玺彩画的构图为一整二破格局，画法简要明快。此种彩画在行宫、寺庙及官宦之家较为多见。根据枋心的不同，和玺彩画可以分为不同的种类，如和玺彩画的“金枋心”是以龙为主题的枋心；“龙凤枋心”是画有龙凤的；“花枋心”是以花卉、草虫或其他花纹为主题的。此类彩画多用齿形线条勾成格子、箭头、古币等形状，并绘有单色升降式行龙图案或其他花纹做藻头，用灵芝、莲花、坐龙画箍头，以金线或墨线或贴金粉勾边线，画法精细，样式很多。

苏式彩画

苏式彩画是民间最常见的一种彩绘装饰，分包袱式、枋心式和海墁式三种主要表现形式。常用于老北京的园林、公园、四合院民宅、各种游廊。苏式彩画的施色，与旋子彩画基本一样，也是以青绿二色为主，但是某些基底色较多地运用了石三青、紫色、香色等各种间色，给人以富于变化和亲切的感受。其枋心面积较为宽阔，既可呈方形又可为圆形，格式多变，内容可以是花卉山水、人物风景、鸟兽鱼虫等等。因为这些画中景物与百姓生活十分贴近，又富于变化，所以欣赏此类彩画能焕发人们美好的意境，为人们所喜爱。另外，为了使画面更逼真和金碧辉煌，枋心中的各种物象均采用金线或墨线勾画。藻头部分绘有花卉集锦，两侧是水藻、古币、祥云。箍头的画面很简洁，只有一些纹理或空白，把枋心烘托得主次分明，这些绘画在包袱、池

子、聚锦内都得到了充分表现。但从北京城区现存清晚期民居彩画遗迹看，建筑只要有装饰彩画的，绝大多数都要贴金，极少见有墨线苏画。苏式彩画兼具南北画派的长处：火辣与奔放的北国情调和清秀与雅气的江南意蕴，完美融合，韵味悠长。

其常见的彩画还有椽柁头彩画、天花彩画和倒挂楣子彩画。

四合院的许多彩画纹饰都有一定的象征意义和吉祥寓意。如只有帝王之家才可运用，庶民绝对禁用的龙纹是专用来象征皇权的。再如飞椽头用的“万”字，椽头用的“寿”字，加在一起称为“万寿”，寓意长寿；如果用的是“福寿”，则寓意为“万福万寿”。彩画纹饰含有吉祥寓意的例子不胜枚举，再如寓意富贵到白头的牡丹和白头翁鸟；寓意主人有文化、有才学、博古通今、不同于凡俗之辈的博古；寓意“君子之交”的灵芝、兰花和寿石等等。各个宅主人就是通过这些图案绘画鲜明的主题、巧妙的构图，通过寓情于景、情景交融的手法表达着对幸福、长寿、喜庆、吉祥、健康向上的美好生活的向往和追求。

北京四合院的雕饰和彩绘反映了老北京人的风俗文化，反映了古代文明达到的高度，突出表现了古代工匠的聪明才智，具有非常宝贵的艺术价值和文物价值。

（三）匾额、对联、门神

在四合院的大门洞和正房檐下曾有过挂匾额的习惯。这些匾额一是起到一定的装饰作用，二是彰显主人的身份品味。匾额是有很多讲究的，楷、草、隶、篆、行因境而用，大小形状各异，因其用处不同而不同。雕刻手法有阴刻、阳刻、透雕，可以饰金边、花边或不加边，可以写成金地黑字或黑地金字。

作为老北京最具有代表性特征的四合院，大门上是不能没有楹联（门联）的。楹联有直接雕刻在两扇街门上的，也有书写在纸张上贴在两扇大门上的。楹联的内容一般是反映宅院主人的追求或信仰。旧时雕刻在街门上的楹联的书法是很讲究的，有不少楹联是名人书法，雕刻工艺精湛，堪称雕刻艺术品。老

北京的门联里，写得最多的是讲究读书的“忠厚传家久，诗书继世长”。关于门联的内容，一般住户着意家庭的更多，或祝福家业发达，如“世远家声旧，春深奇气新”；或祝福合家吉祥，如“居安享太平，家吉征祥瑞”，也有表达具体愿望的，如希望有仕途功名的“孝悌家声传两晋，文章德业着三槐”“笔花飞舞将军第，槐树森荣宰相家”；希望多福多寿多子多孙的“大富贵亦寿考，长安乐宜子孙”。但更多的还是讲究传统的道德情操，如讲善的“惟善为宝，则笃其人”；讲孝的“恩泽北阙，庆洽南陔”；讲义的“中乃且和征骏业，义以为利展鸿猷”；讲德的“韦修厥德，长发其祥”等。

同在院门上，除对联外，老北京人还习惯在过年的时候贴门神。这里贴的最多的是秦琼和尉迟恭，因为他们曾分别救过唐主李渊和李世民，而且都是两人还没有坐上龙椅的时候，于是人们希望能够借他们的神力来保护自己。也有的时候贴神荼和郁垒，传说他们是守鬼门的。曾经充当过门神角色的还有很多，像钟馗、关羽等。值得一提的另外一位门神是魏征，他被称为“后门将军”，原因是这样的：魏征和李世民下棋，盹梦中斩杀了泾河龙王，老龙王嚎泣纠缠，鬼祟门抛砖，搅得太宗夜里睡不好觉，大病了一场。前门有秦琼和尉迟恭把守，后门堪忧，于是有人推荐魏征去看守后门，李世民采纳了这个建议，所以就有了魏征手持宝剑守卫后门的门神画像。

五、四合院的现状

（一）四合院的现状及其产生的原因

北京四合院有着悠久的历史，雏形产生于商周时期，元代在北京大规模修建，明清发展到顶峰。不过解放后，四合院的管理和修缮工作明显滞后，这时的四合院开始走向败落。

20 世纪 90 年代以后，为了加快改变城市面貌，北京中心城区进行了大规模的旧城改造工作，拆除了很多老房子，其中大部分是四合院，随着古旧城区改造和安居工程的开展，四合院不知不觉中渐渐消失。而现存的很多四合院年久失修、房屋高低混杂，已经变成了大杂院，尤其是很多人在院落中盖起了各式各样的小房，占据了四合院的“院落”空间，完全破坏了四合院本应该具有的结构和布局，这也直接影响了它的景观价值和历史价值。

近些年，北京市政府为保护京城历史文化遗存，也制定了一些政策保护四合院。如 2004 年，北京市颁布了《关于鼓励单位和个人购买北京旧城历史文化保护区四合院等房屋的试行规定》，允许符合相关规定的境内外企业、组织和个人购买四合院。规定中指出，购房者购买了四合院后，可依法出售、出租、抵押、赠予和继承。这样使得四合院进入到房产交易的链条，为四合院的保留作出了一定的贡献。

（二）现存比较完好的四合院

1. 北京城内保存比较完好的四合院

目前北京城内保护比较好的四合院大多都是名人故居或者是王府。像已被列为国家级保护文物的东四六条 63 号和 65 号文渊阁大学士崇礼的住宅、后海北沿 46 号的宋庆龄居所（原为溥仪之父载沣的王府花园）、前海西沿 18 号的郭沫若居所（原恭亲王府马号，后为同仁堂乐家花园）、前海西街恭王府及花园，还有很多市级区级的，像护国寺大街 9 号的梅兰芳居所、阜成门内宫门口西一条的鲁迅故居等等。

这些四合院能够很好地保存下来，就是因为它们曾是某些要员名人的住宅，有纪念意义和价值。比如说，梅兰芳先生的故居西城护国寺大街 9 号，也就是现在的梅兰芳纪念馆，这座四合院坐北朝南，已被列入保护文物。再如鲁迅故居，他在北京居住期间选择的住所都是四合院，并在四合院里写出了大量脍炙人口的名篇，目前他曾经的一处居所已经被列入保护文物了。

2. 四合院的标本——川底下

川（原字为“爨”）底下，又名古迹山庄，位于京西门头沟区斋堂镇西北部的深山峡谷中，距京城 90 公里，始建于明朝永乐年间，是昔日黄草梁古道上商旅休息和货物的转运站。

川底下村依山而建，四面群山环抱。整个村庄保留着比较完整的古代建筑群，村落整体布局严谨和谐，变化有序。一条街将村庄分上下两个部分，使整个村庄看起来高低错落，线条清晰。1994 年该村被列为北京市重点文物保护单位，2003 年被评为全国首批

历史文化名村。

川底下的民居坐落在山谷北侧的缓坡上，坐北朝南，布局合理，占地约一万平方米。现存76套四合院民居，600多个房间。民居以龙头山为轴心，呈扇形向下延展。川底下村虽然经历了几百年的变迁，但仍然保存比较完好。精工细作的石墙山路、门楼院落、影壁花墙，蕴含着古老民族文化的砖雕、石雕、木雕；凝重厚实、恬淡平和的灰瓦飞檐、石垒的院墙，让人感受到古老浓郁的文化气息。

川底下古民居以清代四合院为主体，基本由正房、倒座房和左右厢房合围而成，部分设有耳房和罩房，这些民居多为砖瓦结构，街门均设在东南角。门楼等级严格，门墩雕刻精美，砖雕影壁独具匠心，壁画楹联比比皆是。建筑院落也多使用砖雕、石雕和木雕，虽然地处乡村，但是也和北京的宅门一样的讲究，大门、垂花门等都经过精细的雕琢。屋脊、檐口、墙腿口、门墩石、门窗、门簪、门罩、墙壁及影壁也是重点的装饰部位，从中也能看出封建等级和经济条件的限制造成的装饰区别。

这里的四合院因为地势的问题不够规则，不是完全的坐北朝南，但其布局里的等级观念和主次、高低仍然存在，也依然按着轴线关系而建。这里的四合院与北京城内的四合院不同的地方，还表现在这里的大四合院是由几个各有院门的相对独立的四合院组成的，再对这样的几个四合院围上院墙以确保它的封闭性。

根据当地的实用性要求，四合院的形式还有双店式和店铺式。双店式四合院是集居住、商业、货物仓储及马棚于一体的组合院落。店铺式四合院一般由居住、商业、仓储及自家使用的小马棚组成，不接待食宿。

广亮院是川底下地势最高、等级最高的的宅院，它位居中轴线上，村民们称其为“楼儿上”。广亮院建于清代早期，此院北高南低，相差约5米，南北二

进，东西中分三路，即三个相对独立的院，构成一个大四合院，共有房 45 间。院外有围墙，门楼为中型如意门，硬山清水脊，台阶七级。门前还设有精美的、刻有透雕牡丹花的木雕门罩，戗檐有砖雕花卉，西侧墙腿石雕有“喜鹊登梅”，东侧墙腿石雕图案已模糊不清。

东路：包括一个四合院（前院）和一个三合院（后院）。大门开在东南角，门罩上刻有透雕牡丹花，戗檐花篮砖雕，下刻“民国元宝”方孔钱，东侧墙角石已损坏，西侧有“喜鹊登梅”平雕。七级踏步，门墩石雕琢精细，顶部为卧狮石雕，正面中部刻乐器，下刻“迎祥”，内侧中部雕牡丹、莲花，下刻瑞兽，包括平雕和凸雕两种形式。门洞内有壁画、题诗。正对大门，东房南山墙有雕花照壁。

前院南北狭长，方砖铺地。地下嵌石窝，院西侧有地窖。窖底光洁平坦，用大块紫石铺成。南北壁各有两个壁洞，通气孔在东侧。后院地势比前院高出约 5 米，东南角处开随墙门。正房三间，硬山清水脊，板瓦石望板，五架梁，东山墙正中有山柱，后檐柱接地处是 1 米高的方形石柱，木柱在其上。东西厢房地处陡坡，地基建在山岩上，北侧高于南侧 4 米，南侧悬空，用山石发券，券顶上填土夯实建房，券洞口置门窗，东厢房下做杂品间，西厢房下做花房。西次间窗下砌棋盘炕，炕沿下分别有地炉子、炕洞，炕洞内设闸板调节炕的温度，最西边是储煤洞，炕东沿下有放鞋洞。

中路：正房南房三间，东厢房南侧设门与东路相通，西厢房为过厅，通西路。

西路：正房位居中路，是川底下地势最高、面积最大、居中轴线最北端的建筑，是整个扇面状民居的交会点，站在此房可俯视全村绝大部分院落。室内三明两暗，青砖铺地，梢间有雕花壁纱罩。正房西有地窖，其上建耳房，通后院，后院地势陡峭，仅有两间东向工具房，在整个大院的西北角，以此环围墙，将三个相对独立的院围成一个大院子。明间门口用条石砌成平台，平台东西两侧各有五级踏

步便于出入。平台下有高、宽各 60 厘米的洞，做狗窝用。院内方砖铺地，无东西厢房。此院建于清代早期，东路前院正房、中路院正房及西过厅仅存墙体或地基，其他建筑主体完好，部分房有人居住。

由于川底下村是古代重要商路上的村落，平时在这里停留、歇息的商客比较多，于是在民居入口空间处常设有上下马石和拴马桩，以方便商客，现村中仍保留有 6 个拴马桩。

川底下村的四合院是目前保护最好的乡村四合院，具有“活化石”般的价值，是中华民居博物馆，被誉为“中华民居的周口店”“京西的不达拉宫”。

（三）四合院的保护

四合院作为老北京具有代表性的建筑形式，承载了很多的文化和历史意蕴，具有极高的保留价值。北京四合院历经了近千年的风雨沧桑，是北京文化的象征，更是人类文明的象征：象征北京城、北京历史、老北京人生活、老北京人的根、老北京人的魂，它不但是老北京人的文化遗产，更是中华民族的、世界的遗产。没有了四合院，京味文化将逐渐消失或仅仅保留在教科书、博物馆里。

目前，对北京四合院的保护已成为社会关注的“焦点”。北京市政府先后公布了三十片四合院集中区域为历史文化保护街区；制定公布了街区的保护范围和保护规定；对部分现状较好的院落采取了挂牌保护的措施，以及将整个皇城公布为保护街区等等。这些都使得四合院的保护工作得以很好地开展，但是在当前的四合院保护工作中仍需要解决以下几个问题：

首先，四合院的保护工作涉及很多的部门，充分调动他们的积极性是要解决的第一个问题；其次，要积极宣传保护四合院的重要意义，使得四合院的居

民住户能够正确地认识到四合院留存的长远意义，减少对四合院的破坏；第三，在保护四合院的同时，还要关注四合院居民的住房质量，注重改善他们的生活设施，同时还要注意四合院的保护和利用之间关系的平衡，不能一味地要求复古复原，不顾居民生活，也不能完全按照居民的生活要求，过多地破坏四合院的面貌；最后，还要尽力提倡大力推行四合院的住房私有化，这对于四合院的保护是极为有利的。对四合院进行保护的过程中，我们还要注意坚持两个原则：既要全面改善百姓的生活，又要使四合院能够长久的保存。整体上看，四合院的保护工作还不够完善，特别是关于四合院内现代设施的改造工作。

中国古塔

中国古塔是中国五千年文明史的载体之一，被佛教界人士尊为佛塔。在当代中国辽阔美丽的大地上，随处都可以看到古塔的踪影。这些千姿百态的古塔，其造型之华美，结构之精巧，雕刻、装饰之华丽，都堪称古代建筑中的精品。我国的古塔虽然种类繁多，建筑材料和构成方法不尽相同，但是，这些古塔的基本结构是大体一样的。古塔由四部分组成：地宫、塔基、塔身、塔刹。塔这种古老的建筑，不仅被佛教界人士广为尊重，也为各地山林园林增添了绚丽的色彩。

一、中国古塔的起源

（一）中国古塔的起源

中国古塔，是中国五千年文明史的载体之一，被佛教界人士尊为佛塔。在当代中国辽阔美丽的大地上，随处都可以看到古塔的踪影。这些千姿百态的古塔，其造型之华美，结构之精巧，雕刻、装饰之华丽，都堪称古代建筑中的精品。俗话说，“救人一命，胜造七级浮屠”，即使在现代的文艺作品中，这句话也是拯救众生的主人公们脱口而出的惯用语。那么究竟什么叫“浮屠”呢？其实，浮屠就是佛塔，即本书所说的古塔。事实上，佛塔对于中国人而言并不陌生。但如果要追问，古塔仍然是一个谜。

在我国早期的建筑物中有楼有阁，有台有榭，有廊有庑，有民居有桥梁有陵墓，唯独没有塔。有关造塔的起源，可远溯至古印度佛陀时代。公元前五六世纪时，古印度的释迦牟尼创立了佛教。塔就是保存或埋葬佛教创始人释迦牟尼的“舍利”的建筑物。舍利，原文的含义为尸体或身骨。据佛经上说，释迦牟尼死后，弟子们将其遗体火化，结成了许多晶莹明亮、五光十色、击之不碎的珠子，称为“舍利子”。还有其他的身骨、牙齿、毛发等等，也称为“舍利”。后来又加以扩展，德行较高的僧人死后烧剩的骨齿遗骸，也称为“舍利”。根据记载，须达长者曾求取佛陀的头发、指甲等，以之起塔供养，来表达人们对佛陀的崇敬。佛陀圆寂后，则有波婆国等八国，八分佛陀舍利，各自奉归起塔尊奉供养。用作安置佛骨舍利的塔，梵文音译“施堵坡”，巴利文音译“塔婆”，别音“兜婆”或称“浮屠”，汉文意译为“聚”“高显”“方坟”“圆冢”“灵庙”等，另有“舍利塔”“七宝塔”等异称。印度的塔可以分成两种：一种是埋葬佛舍利、佛骨等的“窣堵波”，实际上专属于坟冢的性质；另一种是所谓的“支提”或“制底”，内无舍利，称作庙，即所谓的塔庙。

古塔与佛教之间有着密不可分的渊源。佛教同其他宗教一样，都要借助于实物来传播教义，除了佛经、佛像之外，佛教借以传播教义的实物就是佛塔了。根据史书记载，在著名的“永平求法”之后，汉明帝于永平十一年在首都洛阳兴建了我国第一座佛教寺院——白马寺，其中就包括了塔这种建筑。《魏书·释老志》云：“自洛中构白马寺，盛饰浮屠，画亦甚妙，为四方式。”随着佛教的传入，塔与佛教寺庙就同时出现在中国的大地上。任何形式的文化艺术都没有一成不变的模式，作为佛教信仰的重要标志之一的佛塔也是这样的。塔随佛教传入我国后，与我国固有的建筑形式和民族文化相结合，形成具有中国风格特色的新式建筑。古印度的“支提”就发展成为我国的石窟寺，而埋葬和供奉舍利的“窣堵波”则发展为各式各样的古塔。从古塔的发展历史和现存的实物来看，不管塔中是否埋有舍利，一般都被称为舍利塔。由此，我们可以说，中国的古塔是由古印度的“窣堵波”发展演变而来的。司马光在《资治通鉴》中说：“自佛法入中国，塔庙之盛，未之有也。”时至今日，佛祖的舍利塔遍布于中亚、东亚、南亚和东南亚各地区，在中国的大地上，古塔几乎遍及全国各地，从数量上看有上万座。

二、历史沿革

从历史文献的记载和我国现存古塔、古塔遗址的调查分析得知，古塔的发展大体上可分为三个阶段。

（一）东汉到隋唐

东汉到唐朝初年，这段时期为古塔发展的第一阶段。在这一阶段中，印度的“窣堵波”开始和我国传统建筑形式互相结合，进入磨合期。

汉代的佛塔虽然已无实例可寻，但我们尚可从河南故县出土的陶楼和甘肃武威出土的陶碉楼形态中见其大概。这种由构架式楼阁与窣堵波结合而成的方形木塔，自东汉时期问世以来，历魏、晋、南北朝数百年而不衰，成为佛塔的经典样式。对此，《魏书·释老志》说得很明确：“凡宫塔制度，犹依天竺旧状而重构之，从一级至三、五、七、九。世人相承，谓之‘浮屠’，或云‘佛屠’。”很显然，“天竺旧状”指的就是来自印度的“窣堵波”，而“重构之”就是多层木楼阁。在木楼阁的顶上放置“窣堵波”，应当就是这一时期佛塔的基本形式。另外，在这一时期还出现了一些亭阁式塔，它们虽然是“窣堵波”与中国原有建筑形式相结合的产物，但并不是该时期佛塔建筑的主流。

三国之际，丹阳人笮融“大起浮屠，上累金盘，下为重楼”，是中国造塔的最早记载，所造的塔当为楼阁式。三国时代的吴国于建业（今江苏南京）开始造塔，开创了江南造塔之先河。这两个时期没有塔的建筑物保存至今，有迹可循的是一些汉代画像石上塔的形象，有“窣堵波”的形制。此外，在新疆喀什附近的汉诺依城有座土塔，现已风化严重，据估计是汉末的遗物。

南北朝时期佛教有了很大的发展，这一时期建造了很多的石窟和寺塔，在云冈、敦煌石窟中都可见到那个时期塔的造型。现存塔最早的实物是北魏天安

元年（466 年）的小石塔，原来在山西朔县崇福寺内，后在抗日战争中被日军盗去日本。此外云冈石窟中也有很多楼阁式塔的造型。河南嵩山嵩岳寺塔是保存至今的最早的一座砖塔。这一时期主要发展了楼阁式和密檐式塔，建材则是砖、木、石并重。

隋代虽然很短，但佛教盛行，隋文帝杨坚为其母祝寿，分三年在全国各州建塔百余座。专家研究表明，所建都是木塔，已全部毁于战火。现存的隋塔仅有山东历城四门塔。

唐朝的塔有了很大的发展，保存下来的唐塔约有百余座之多，集中于中原、关中、山西、北京等地。唐塔由于早期建塔的仿木结构，平面多是方形，内部多是空筒式结构，形式多为楼阁式和密檐式，与后来的塔不同的是，唐塔多不设基座，塔身也不做大片的雕刻与彩绘。南诏国统领西南属地时大兴佛教，建寺造塔风行一时。只可惜，此后的一千多年，大量寺院被毁，仅在昆明、大理等地残存了一些古塔。南诏时代的塔与中原文化结合紧密，与唐塔的形制很接近。此外，同时期渤海国的塔也都具有中原、关中地区唐塔的特点。

（二）五代到两宋

从五代经两宋至辽、金时期，是我国古塔发展的第二个阶段，也是我国古塔发展的高峰时期。唐朝以后的五代时期战乱不断，寺塔建造的数量都不多。两宋辽金时期，南北建筑各具特色，塔亦不例外。

两宋时期古塔的建筑达到了空前繁荣的程度。塔的总体数量较前代大增，建塔的材料也更为丰富，除了木材、砖和石以外，还使用了铜、铁、琉璃等材质。阁楼式、密檐式以及亭阁式塔正值盛年，花塔和宝箧印经塔又现异彩。这一时期，是从以木塔为主转向以砖石塔为主的最后阶段。由于材料的改变，使建筑造型与技术也相应有所变化。其中最重要的一点是塔的平面从四方形逐渐演变为六角形和八角形。宋塔多为楼阁式塔，或为外密檐内楼阁式塔；此外，还有约两成的塔为

造像式塔、宝箧印式塔、无缝塔、多宝塔等其他形制的塔。宋塔平面多为八角形或六角形，偶见四边形者，这与唐塔千篇一律、端庄稳重的四边形产生了鲜明的对比。宋塔每层都建筑有外挑的游廊，有腰檐、平座、栏杆、挑角飞檐等建筑部件；因而即便是杭州六合塔这样高大雄伟者亦不失轻巧灵动之感。在塔院的平面布局上，宋塔相比于唐塔也发生了巨大的变化，在唐代，塔是寺院的核心部分，大多建筑在寺院的前院；而宋代寺院的核心地位为正殿所取代，塔大多位于后院或正殿两侧。

辽塔多为实心的密檐式塔，建筑材料亦多选择坚固耐久的砖石材料，而在建筑上则采用砖石仿木结构，唯门窗不用唐塔、宋塔的方形结构设计，而采用在力学上更加合理的拱券设计，这也是辽塔在建筑学上的一个重大突破。除密檐塔外，辽塔中尚有少部分仿唐塔形制的楼阁式塔。辽塔平面多为八角形，繁复的基座是辽塔独有的特色，基座各个立面均做仿木处理，模仿木结构宫殿建筑，门窗齐全，表面或篆刻经典或雕凿佛教造像，常见的造像题材有佛像、金刚、力士、菩萨、宝器、塔、城、楼阁等等，非常精美。一些比较著名的辽塔，如北京天宁寺塔，不仅塔身基座遍布精美造像，而且塔檐、仿木斗拱均做工细致精巧、惟妙惟肖。但在辽塔中更多的是一些做法比较简单的塔，仅第一层或一二层檐施用斗拱，其他各层均以叠涩出檐，造型简洁古朴。相比于同时代的宋塔，辽塔大多轮廓简洁、造型端庄，亦有极高的艺术价值。辽代是中国造塔历史上一个重要的时期，其间不仅造塔数量甚众，而且结构合理、造型优美，很大程度上影响了后世造塔的风格。

金代的皇帝与辽一样笃信佛教，大兴造塔之风，但金塔大多仿造唐塔，如河南洛阳白马寺齐云塔或仿辽塔建造，并没有突破唐、辽以来建塔的规制而形成自己独有的风格，其间虽然出现了一些外形比较怪异的塔，但大多不能形成体系，亦非优美制作，值得炫耀者不多。其中唯河北正定大广惠寺塔值得专门提及，这是中国历史上最早出现的金刚宝座式塔。

根据文献记载和实物考察得知，早期的木塔平面大多是方形，这种平面来

源于楼阁的平面。隋唐以及以前的砖石塔，虽然有少量的六角形、八角形塔，甚至还有嵩岳寺塔十二边形的特例，但是就现存的唐塔的情况来看，大多还是方形塔。但入宋以后，六角形、八角形塔很快就取代了方形塔。塔之平面的变化，首先是建筑工匠们从长期的造塔实践中积累的丰富经验所致。我国是一个多地震的国家，高层建筑特别是砖石结构高层建筑，极易在地震中受到破坏。古代工匠们从对地震受损情况的观察中，已经认识到了建筑物的锐角部分在地震中因受力集中而容易损坏，但钝角或圆角部分在地震时因受力较为均匀而不易损坏。所以处于使用和坚固两方面的考虑，自然要改变古塔的平面。其次，适应人们登塔远望的需要，也是古塔平面发生变化的原因。木塔虽为方形，却便于设置平座，使人们能够走出塔身，凭栏周览。改为砖石塔后，平座就不能挑出太远，人们走出塔身便很困难，而且危险性也大大增加。改为六角形或八角形后，不仅能有效地扩大视野，而且还有利于减杀风力，其优势是十分明显的。

由于社会风习的变化，宋、辽、金与唐时期的古塔，在审美特征上也有了明显的差异。大致来说，唐时修建的塔一般不尚装饰，唐人追求的主要是简练而明快的线条，稳定而端庄的轮廓，亲切而和谐的节奏，唐塔表现出来的是唐人豪放的个性和气度。而宋人却是追求细腻纤秀，精雕细琢，柔和清丽，所以宋塔的艺术便在装饰、表现等方面开拓新的境界，极力渲染其令人目眩的轮廓变化和颇有俗艳之嫌的形式美。至于与宋对峙的辽和金，则是在唐风宋韵的影响之下，谱写了中国古塔的黄金时代里又一辉煌篇章。宗教内在的感染力，成为了造塔者极力需要表现的唯一主题。

（三）元代到清代

这个阶段是我国古塔发展的第三个阶段。元朝皇帝大多信仰佛教，在元朝流行于印度的“窣堵波”式的塔被再次引入中国，称为覆钵式塔，另外随着密宗在元朝上流社会中的流行，又从印度引入金刚宝座塔，并开始较大规模的建造。除了一些覆钵式塔，元代兴建的名塔不

多，元塔对后世的影响也比较小。

自明清两代开始，逐渐产生了文峰塔这一独特的类型，即各州城府县为改善本地风水而在特定位置修建的塔，其修建目的或为震慑妖孽或为了补全风水，或作为该地的标志性建筑，文峰塔的出现使得明清两代出现了一个筑塔高潮。　　明清两代的佛塔基本沿袭了辽宋塔的形制，由于筑塔数量较多因而种类非常齐全，从楼阁式、密檐式、覆钵式、金刚宝座式等较为常见的形式到无缝式、宝箧印式等奇异的形式不一而足，尤以楼阁式塔为主流。明清塔大多为高大的砖仿木结构，石塔木塔均很少见，明清两代仿木结构砖塔对木构的模仿都非常精致细腻，不仅斗拱、椽、枋、额俱全，而且还出现了雁翅板、垂莲柱等结构；塔的建筑平面多为八角形、六角形和四方形；明清塔承袭了辽塔构筑基座的做法，随着塔在明清从宗教世界走向世俗社会，基座上浮雕的题材出现了相应的变化，不仅包括佛像、金刚、力士、护法天王等宗教题材，也出现了八仙过海、喜鹊登梅、二十四孝、魁星点斗等民间传统祈福题材。明清两代的佛塔或仿宋或仿辽，虽然建筑数量甚众，但在建筑艺术和技术上并无大的突破，其成就远逊于辽宋两朝。

如上文所述，元代以后，塔的材料和结构技术，再无更高的突破，只是在形式上有了一些新的发展。最为明显的是，随着喇嘛教的传播，瓶形的喇嘛塔进入了中国佛塔的行列。这种带有强烈异域风格的塔，长期保持了它们那庄重硕壮而又丰满的造型。从元至清的六百年间，这种塔形的主要变化，是其塔刹（即“十三天”）比例的变更，从元代的尖锥形，发展成为直筒形。明代以后，仿照印度佛陀伽耶金刚宝塔形式而来的金刚宝座式塔又和喇嘛塔一起，使中国古塔的建造再次出现高潮。然而，从整体来看，元代以后，塔的数量已经大大减少，佛塔的建造不断衰落，而各种与佛教关系不大的文峰塔、风水塔却大有用处，但除了个别的精品之外，它们大多是粗制滥造的，几乎没有审美价值可言。除了中规中矩的佛塔，明清两代还建造了大量的文峰塔，文峰塔建筑形制多样，如笔、如楼、如墩台，这些异形塔的出现极大地丰富了塔的建筑类型。

三、塔的结构

我国的古塔虽然种类繁多，建筑材料和构成方法不尽相同，但是，这些古塔的基本结构是大体一样的。古塔由四部分组成：地宫、塔基、塔身、塔刹。

（一）地宫

地宫也称“龙宫”“龙窟”，一般是用砖石砌成的方形或六角形、八角形、圆形的地下室。地宫大都深埋地下，只有个别半入地下。这种建筑样式是宫殿、坛庙、楼阁等建筑所没有的。为什么古塔要有这一部分构造呢？这是因为塔是埋葬舍利的。

在印度，舍利并不是深埋地下，而是藏于塔内。传到中国之后，与中国传统的深葬制度结合起来，便产生了地宫这种形式。凡是建塔，首先要在地下修建一个地宫，以埋葬舍利和陪葬器物。这与中国帝王陵寝的地宫相似，当然塔的地宫远远不如帝王陵寝地宫的规模那么大，陪葬的东西也少得多。塔的地宫内安放的东西主要是一个石函：石函内有层层的函匣相套，也有用石制或金银、玉翠制作的小型棺椁，椁一般即为安放舍利之处。此外，在地宫内还陪葬有各种器物、经书、佛像等。

河北定州静志寺真身舍利塔塔基地宫又称“舍利阁”。它位于塔基的正中，上有石刻歇山式屋顶一块。屋顶之下有一个方孔，这就是地宫舍利阁的顶口。地宫平面作四方形，但不甚规整。地宫南面辟门，作拱券式。地宫内四壁均有壁画，为天王、帝释、梵王、童子、侍女等人物形象。北壁正面书写“释迦牟尼真身舍利”的牌位，两旁绘有十大弟子礼拜的图案。舍利阁内的柱子、斗拱、檀枋、阑额的彩画，色泽如新，是地面建筑中罕见的宋代作品。

（二）塔基

塔基是整个塔的下部基础，覆盖在地宫上。很多塔从塔内第一层正中

即可探到地宫。早期的塔基一般都比较低矮，只有几十厘米。例如现存的两座唐以前的塔——北魏嵩岳寺塔和隋朝的历城四门塔的塔基。在唐代，有的为了使塔更加高耸突出，在塔下又建了高大的基台，例如西安唐代的小雁塔、大雁塔等。亭阁式塔的塔基，在唐代也开始发展成高大的基座，例如山西泛舟禅师塔、济南历城神通寺龙虎塔等。

唐代以后，塔的基础部分有了急剧的发展，明显地分成基台与基座两部分。基台就是早期塔下比较低矮的塔基。在基台上，增加了一部分专门承托塔身的座，称为基座。在建筑艺术效果上，它使塔身更为雄伟突出。基台，一般比较低矮，而且没有什么装饰。基座部分则大为发展，日趋富丽，成了整个塔中雕饰最为华丽的部分。

在基座的发展过程中，尤以辽、金时期的密檐式塔的基座最为突出。辽、金塔的基座，大多作"须弥座"的形式，示为稳固之意。以北京天宁寺塔的须弥座为例，座为八角形，建于一个不甚高大的基台上，共有两层束腰。第一层束腰内，每面砌六个小龛，内刻狮子头。龛与龛之间以雕花间柱分隔。第二层束腰下部砌出小龛五个，内雕佛像。龛与龛之间的间柱上雕饰力士。上部施斗拱。斗拱上承托极为精细的砖雕栏杆。栏杆上置仰莲三重，以承托第一层塔身。整个须弥座的高度约占塔高的五分之一，它成为全塔的重要组成部分。

后来，其他各种类型塔的基座也越来越往高大华丽的方向发展。喇嘛塔的基座发展得非常高大，体量占了全塔的大部分，高度占到总高的三分之一左右。金刚宝座塔的基座已经成为塔身的主要部分，座子本身比上部小塔要大得多。过街塔下的座子也比上面的塔高大得多。塔的基座部分大大发展，与中国古建筑传统中一贯重视台基的作用，有着密切的关系，它不仅保证了上层建筑物的坚固稳定，而且也收到艺术上庄严雄伟的效果。

（三）塔身

塔身是古塔结构的主体。由于塔的建筑类型不同，塔身的形式也各异。各种不同类型的塔，就是按照塔身的形制来划分的。

从塔身的内部结构看，主要有实心和空心两种。实心塔的内部，有用砖石满铺满砌的，也有用土夯实填满的。有些实心塔内也用木骨填入，以增加塔的整体连接，或增强挑出部分的承载力量，但结构仍然比较简单。空心塔一般来说是可以登临的塔。这类塔的塔身结构比较复杂，建筑工艺的要求也比较高。空心塔的塔身大体上可以分为以下几类：

木楼层塔身。盛行于汉末、魏、晋、南北朝。结构大体是：塔身内部从上到下是一个空筒，塔身四周立柱，每面三间，立柱上安放梁枋、斗拱，承托上部楼层。每层都有挑出的平座和栏杆游廊，可以环眺四周。每层还有挑出的塔檐，与一般木构建筑楼阁做法一样，内设楼梯、楼板，可以登临。纯木结构，砖壁木楼梯、木楼板和砖壁木檐、木平座结构的楼阁式塔，如山西应县木塔的塔身，就是这种形式。

砖壁木楼层塔身，也称空筒式塔身。内部好像一个空筒，早期的楼阁式或密檐式砖塔，大多是这种结构。如西安大雁塔、西安小雁塔、杭州临安功臣塔、苏州罗汉院双塔、登封嵩岳寺塔等都有这种塔身。

砖木混砌塔身。用砖砌，塔檐、平座、栏杆等部分均为木结构。这种结构流行于宋塔中，例如上海松江方塔、杭州六和塔、苏州瑞光塔、苏州北寺塔等。

木中心柱塔身。塔身内设有中心柱，早期的木塔塔身内多有中心柱，并从塔顶直贯塔底。这类塔身的古塔，现在已经见不到了。河北正定的天宁寺塔为半木结构，塔内的木中心柱只有半段，仅在塔的上半部。但是，就是这种只有半截木的中心柱塔身古塔，在全国也极少，十分珍贵。这种实物无可争辩地说明，这种没有大木中心柱的塔身，在我国古塔的建造中是存在的。随着建塔材料种类的增加和建筑技术的发展，有些古塔的中心柱不是采用木料，而是采用砖石建造。陕西扶风法门寺塔、河南开封佑国寺塔、四川乐山凌云寺塔就是这样的例子。

砖石塔心柱塔身。全部用砖砌造，塔的中心是一个自顶到底的大砖石柱子。这种塔身的结构是我国古代砖石结构发展到高峰的产物。如河南开封佑国寺塔、四川乐山凌云寺塔、陕西扶风法门寺塔、四川大足宝顶山塔等，大多

是宋、明时期的建筑，水平相当高。

高台塔身。塔身用砖石建造，砌成高大的台子，从台子的内部砌砖石梯子盘旋而上，或从座子外面登上顶端。这里说的主要是金刚宝座塔。北京真觉寺金刚宝座塔、北京碧云寺金刚宝座塔、呼和浩特慈灯寺金刚宝座塔等，就是这样的例子。

覆钵式塔身。即喇嘛塔的塔身，状如瓶形。明、清以后，建筑师们又在塔肚正中增设了焰光门，形如小龛。

在我国现存的古塔中，还有一些形制特别的塔身：有的在覆钵上加上多层楼阁，有的是楼阁、覆钵、亭阁相结合，还有的塔身状如笔形、球形、圆筒形等，形态多样，各呈异彩。

（四）塔刹

塔刹俗称塔顶，就是安设在塔身上的顶子。我国的古塔很多，各座古塔塔刹的形状和建筑材料都不相同。但是，不管是用什么材料建造的塔刹，也不论其形式如何，它们都是古塔重要的、位置最高的组成部分。在古印度，塔刹只是作为“窣堵波”的表象而存在，结构简单，装饰也不复杂。但到了中国，就和我国原有的楼阁式建筑结合在一起，塔刹的建造就得到了很大的发展，其结构、形式也变得更为复杂、更为精细、更为美观了。从建筑结构上看，塔刹是作为收结顶盖用的。既要固定椽子望板、瓦陇等部分，又要防止雨水下漏，塔刹发挥了重大作用。从建筑艺术上看，塔刹往往玲珑奇巧直插云霄，给人以超脱、崇高的审美快感。因此，人们把塔刹的“刹”也作为佛寺的别称，寺也被称为刹，古寺也就被称为古刹了。

就塔刹的结构而言，它本身就是一座完整的古塔。塔刹由刹座、刹身、刹顶、刹杆等部分组成。

刹座是刹的基础，覆压在塔顶上，压着椽子、望板、角梁后尾和瓦陇，并包砌刹杆。刹座大多砌作须弥座或仰蓬莲座、忍冬花叶形座，也有砌作素平台座的，以承托刹身。在有的刹座中，还设有类似地宫的窟穴，被称作刹穴。刹

穴可以供奉舍利，可以存放经书和其他供器。云南大理千寻塔、北京妙应寺塔就是如此。

刹身主要的形象特征是套贯在刹杆上的圆环，称为相轮，也有称为金盘、承露盘的，《行事妙》云："人仰视之，故云相。"可见，刹身是作为塔的一种仰望的标志，以起敬佛礼佛的作用。一般大塔的相轮比较多而大，小塔的相轮比较少而小。早期的塔制，相轮没有定式，有的塔相轮至多数十个，有的少至三五个。例如原洛阳永宁寺大木塔，就有三十重相轮。现存两处比较早的塔——四门塔和嵩岳寺塔分别为五轮和七轮。以后相轮的数目逐渐形成了一、三、五、七、九、十一和十三的规律。喇嘛塔大多采用十三个相轮。因此人们就把这一部分称为"十三天"了。在相轮上置华盖，也称宝盖，作为相轮刹身的冠饰。

刹顶，是全塔的尖顶，在宝盖之上，一般为仰月、宝珠形状，也有作火焰、宝珠的，有的在火焰之上置宝珠，也有将宝珠置于火焰之中的。因避"火"字，有的称为"水烟"。

刹杆，是通贯塔刹的中轴。金属塔刹的各部分构件，全都穿套在刹杆之上，全靠刹杆来串联和支固塔刹的各个部分。就是比较低矮的砖制塔刹，当中也有木制或金属刹杆。据佛经上说，刹杆又有刹柱、金刹、表刹等名称。刹杆的构造，有用木杆或铁杆插入塔顶的；如果塔刹很高，即用大木枝插入一二层或三层塔顶。长大的刹杆称为刹柱。有的刹柱与塔心互相连贯，直达塔底地宫之上。

以上所述塔刹的结构形制，是比较具有代表性的。此外，各个时代、不同类型、不同建筑材料的塔，其塔刹也有所变化。有在刹杆上串联三、五、七、九个金属圆球作为塔刹的，例如辽宁北镇崇兴寺双塔；有的塔刹在刹座上贯以巨大的宝顶，例如北京天宁寺塔。宝顶的形式各有不同，有圆形、方形、八角形等等。银川海宝塔的刹顶作方葫芦形，或称蒜头形，可能是受伊斯兰建筑的影响所致。广州怀圣寺光塔又是一种情况，塔刹变成了风向标，它与佛教的塔刹意义完全不同。

四、塔的材质

（一）土塔

夯土建筑是建筑史早期非常经济和流行的一种建筑形式，夯土建筑的优点是取材方便、建造简单且所需成本少。但是在历代古塔中，只有少部分为夯土建筑。这是由于塔一般都高大而纤细，夯土本身的力学性质并不适合建筑高塔，此外夯土塔的建筑和保存还受到气候的影响，土质松软、降水丰沛的地区很难建筑和保存高大的夯土塔。因而保留下来的夯土塔数量很少并主要集中在降水量较少、黄土资源丰富的中国西北地区，且夯土塔的主要形制多为体形较为矮胖的覆钵式塔。在现存为数不多的夯土塔中，最为著名的当属西夏王陵中的夯土高塔，西夏王陵中所建的塔以夯土为基础，经历了历代战火的硝烟而得以幸存至今。

（二）木塔

善用木质结构是中国传统建筑的一大特点，历代所筑木塔均借鉴了很多宫殿建筑的元素和技术，从斗拱、椽、枋、梁、柱等承重结构到门窗栏杆等非承重结构都与同时代的宫殿建筑非常相似。作为在中土起源最早的塔，三国时期史料记载“上累金盘下为重楼”的塔就是在重楼的顶端加筑“窣堵波”的建筑形式，不过这种下木上石的结构违背了材料本身的力学形制，加之年代久远没有保存至今者。

早期木塔因为建筑技术的限制，常常在塔内用砖石或夯土筑起高台，作为木塔屹立的依托，各层的木构均直接或间接地与塔心的高台相连接。后期随着建筑技术的提高，塔中的高台被木质的中柱所取代，这极大地扩充了塔内的活动空间，是建筑技术的一大突破。但中柱的出现也限制了木塔高度的进一步提

升，因为要想找到一根高大笔直的木材作为塔的中柱是非常困难的，而塔高也就被限制在中柱的高度上了。

辽代建筑的山西应县木塔则是木塔建筑的又一个技术突破，应县木塔没有中柱，而是由每一层塔身周围的两圈木柱将塔的荷载层层向下传递，这种独特的力学设计比中柱式结构更合理、更坚固，也使得应县木塔历经近千年风雨而始终屹立不倒，成为现存最古老的木塔。

（三）砖塔

砖结构仿木构塔的斗拱砖塔是各类塔中数量最多者，历经风雨保留下来的砖塔数量也比其他材质的塔多得多，这一点是与砖本身的材料性质分不开的——砖由黏土烧制，其在结构上的耐久性和稳定性与石材接近，远远胜于夯土和木料，却又具有易于施工的特点，并且可以相对轻易地修筑出各种各样的造型和进行各式各样的雕刻加工，非常适合塔的建造。除了塔砖本身的堆积方式，塔砖之间的黏合也是对砖塔稳定性产生很大影响的因素，唐代砖塔多以黄泥为浆黏性稍差，自宋辽以后在黄泥浆中加入一定的石灰和稻壳，增加了黄泥浆的黏合力。从明代开始，砌塔则全部使用石灰浆，使得塔的稳定性有了飞跃。明清两代随着制砖工业的迅速发展，各类砖塔大量涌现，以至于一时间难以见到由其他材料建筑的高塔了。

虽然砖非常适合建筑塔，但是中国传统建筑中的砖塔在结构上大多模仿木构，斗、拱、梁、柱、枋、椽、额一应俱全，这样的结构美则美矣，却不能充分发挥砖材自身的优势，实际上已经成为筑塔技术发展的一种阻碍。以砖砌成的塔也有一些弊端，由于砖塔缝隙非常多，因而塔身上极容易生长植物，杂草、树木的根系深入塔身会极大地破坏了塔的结构，从而造成了塔日后的坍塌；另外构成砖塔的建筑材料体形很小，容易被人取下，著名的杭州雷峰塔就是被人们的窃砖活动击倒的。

（四）石塔

使用石料并非中国传统建筑所长，但由于石材本身的性质非常适合建造高塔，因而在塔中以石材为主要材料者也不算少数。常见的石塔有经幢式塔、宝箧印塔、多宝塔、覆钵式塔以及小型的密檐塔和楼阁式塔。只有很少的石塔体量高大，建筑这样的石塔需要比较高的建筑技术和技巧。这些石塔有的使用大石块，有的使用大石条或大石板，更多的则是使用体积较小的石砖，依照砖塔的建筑方式构筑，在承重结构上则多仿照木构，由于石材和木材在材料性质上有着很大的差异，前者耐压而弹性较差，后者弹性好但承重能力不强，因而仿木构的石塔大多不能发挥石材性质上的优势，因而在一定程度上限制了石塔的发展。

（五）琉璃塔

香山公园中的琉璃塔从本质上讲也是砖塔的一种，因为琉璃塔的琉璃仅仅贴附在塔的表面，塔的内部仍然是用砖砌筑的。琉璃是中国古代严格控制的一种建筑材料，只有获得官方特许者才能够用琉璃来装饰建筑物，因此琉璃塔的数量非常少，现存的琉璃塔大多是经过皇家特许敕建的宝塔。

琉璃材料美观、色彩多样，表面覆盖的釉层，可以很好地抵抗日晒、风吹、雨淋，对保护建筑物起着非常重要的作用。不同的琉璃塔因为地位和经济状况不同，使用琉璃的情况也各自不同，有的塔通体均被琉璃贴面包裹，有的仅仅在塔身的特定部位，如转角、塔檐等处贴附琉璃，有的则用琉璃烧制出浮雕造像贴附在塔面。

（六）香泥小塔

香泥小塔是以寺院中供奉的香为材料，蘸湿打成泥雕塑的小型佛塔，是

一种宗教法器而非建筑物。香泥小塔是喇嘛教常用的一种法器，塔多作覆钵式造型，下部筑有基座，基座上为一覆钵式塔肚，有些香泥小塔在塔肚上方还有塔脖子，构成一个完整的覆钵式塔造型，有的则没有塔脖子，形成类似无缝式塔的造型。僧侣们一次制作一定数量的香泥小塔，供奉在佛前或者藏于大塔的地宫或宝顶中，在北京真觉寺金刚宝座塔、甘肃山丹县大喇嘛塔均有大量香泥小塔出土。

（七）金属材质的塔

类似安放在北京万寿寺的铜合金多宝塔这类金属材质的塔很少，体量也很小，大多是作为工艺品而存在的，常见的制塔的金属有：铁、铜、银、金等，金属塔大多整体铸造成型，由于金属铸造工艺本身的限制，高耸入云的金属塔非常少，有数的几个也是用铸造部件组装而成的，由于金属材料热膨胀系数普遍较木砖石等传统材质高，而且多存在锈蚀的问题，因而金属材料并非砌筑高塔的良好材料。

作为建筑物的金属塔兴起于五代十国时期，由于铸造技术和成本的限制始终没有兴盛过，仅宋明两朝铸造过一定数量的铁质塔；作为工艺品的金属塔就相对常见得多了，它们大多以金银等贵重金属制成，造型精美、描摹非常细腻，是中国古代金属铸造艺术的代表。

（八）其他材质的塔

除了上面提到的材质，还有使用其他材质砌筑的塔，如以象牙雕刻成的塔、玉雕塔、骨雕塔、陶瓷塔等，这些材质的塔大多不是以建筑物的形式而存在，而是作为宗教法器或者工艺品存世。塔的材质多种多样，除了上面提到的单一材质的塔，还有混合材质的塔，常见的有砖木混合、砖石混合、石木混合等等。

五、塔的造型

我国古塔的立面造型，大体可分楼阁式、密檐式、覆钵式、亭阁式、花塔式、金刚宝座式、过街塔式和宝箧印经式等八种。

（一）楼阁式塔

楼阁式塔在中国古塔中的历史最悠久、体形最高大、保存数量最多，是中国塔的发展主流，多见于长江以南的广大地区，北方相对少些。楼阁式塔的特征是具有台基、基座，有木结构或砖仿木结构的梁、枋、柱、斗拱等楼阁特点的构件。塔刹安放在塔顶，形制多样。有的楼阁式塔在第一层有外廊（也叫“副阶”），外廊加强了塔的稳定性，也使其更为壮观。外廊能有效地防止地基被雨水冲刷，提高了塔的寿命。

楼阁式塔的塔内一般都设有砖石或木制的楼梯，可以供人们拾级攀登、眺览远方，而塔身的层数与塔内的楼层往往是相一致的。楼阁式塔是中国所特有的佛塔建筑样式，在中国最早的代表是洛阳白马寺中所建的四方形楼阁式塔。

（二）密檐式塔

密檐式塔为中国佛塔的主要类型之一，在中国古塔中的数量和地位是仅次于楼阁式塔的，多是砖石结构。砖造楼阁式塔是依照木结构的形式完全用砖在塔的外表做出每一层的出檐、梁、柱、墙体与门窗，在塔内也用砖造出楼梯可以登上各层；也有的砖塔塔内用木材做成各层的楼板，借木楼梯上下。但是这种砖塔在外形上逐渐起了变化，就是把楼阁的底层尺寸加大升高，而将以上各层的高度缩小，使各层屋檐呈密叠状，檐与檐之间不设门窗，使全塔分为塔身、密檐与塔刹三个部分，因而称为“密檐式”砖塔。而且塔身越往上收缩越急，

形成极富弹性的外轮廓曲线。著名的登封县嵩岳寺塔、西安的小雁塔、云南大理崇圣寺三塔中的千寻塔、北京的天宁寺塔等，都是密檐式塔的典型代表。

（三）覆钵式塔

覆钵式塔，由于被西藏的藏传佛教使用较多，所以又被人们称作“喇嘛塔”，主要流传于中国的西藏、青海、甘肃、内蒙古等地区。

覆钵式塔的造型与印度的“窣堵波”基本相同。随着“窣堵波”在中国逐步演化为宝塔，这种塔式在元代随着喇嘛教的兴盛，开始大量在汉民族地区出现。这种塔的特点是塔身部分为一个平面圆形的覆钵体，上面安置着高大的塔刹，下面有须弥座承托着，形状很像一个瓶子，所以又被人们称为“宝瓶式塔”。

（四）亭阁式塔

“亭”恐怕是我国古代最重要的观赏性建筑了，所谓“亭台楼阁”，“亭”比“楼阁”更加受到重视。亭阁式塔作为最早出现的佛塔类型之一，是印度的覆钵式塔与中国古代传统的亭阁建筑相结合的一种古塔形式。这种塔式外表上模仿亭子的构造，只是在顶部加了个塔刹作为佛教的标志。由于这种塔结构简单、费用不大、易于修造，曾经被许多高僧们所采用作为墓塔。

亭阁式塔在南北朝至唐代非常流行，金代之后逐渐衰落。一般来说早先的亭阁式墓塔多作空心结构，内设塔室可设立佛龛，安置佛像；中唐之后多作实心结构，以便于保护。塔身平面有方形、六角、八角和圆形四种，其中以唐代塔最为全面，四种平面的实例都有；建筑材料有木、砖、石；由于结构所限，亭阁式塔不会建得很高，最高的实例也不过 15 米左右。从外形上来看，可分为单层单檐和单层重檐两种类型：前者只有一层塔檐，后者多为两层塔檐，极少数有三层。另外还有一些亭阁式塔在第

一层塔檐上部加建了一个小阁（如佛光寺祖师塔），可看做一种特例。虽然亭阁式塔的数量远不及楼阁塔和密檐塔，但其中精品比例却相当高。

（五）花塔式塔

花塔式塔，简称花塔，也称“华塔”，是我国古塔中的一种较为特殊的形式，它装饰华丽，整个造型犹如簪花仕女，玲珑别致。花塔有单层的，也有多层的。它的主要特征是在塔身的上半部装饰繁复的花饰，看上去就好像一个巨大的花束，可能是从装饰亭阁式塔的顶部和楼阁式、密檐式塔的塔身发展而来的，用来表现佛教中的莲花藏世界。这种塔的数量虽然不多，但造型却独具一格。

在现存的花塔中，广惠寺花塔是一座造型奇特的唐代古塔，它位于河北正定县城广惠寺内。此花塔始建于唐贞元年间，金、明、清各代均有修葺。现寺已不存，唯塔屹立。

（六）宝箧印经塔

宝箧印经塔是一种特殊形式的塔，它最初是五代时期吴越王仿照印度阿育王建造八万四千塔的故事，制作了八万四千座小塔，作为藏经之用。因其形状好似一个宝箧，内藏有佛经，故名宝箧印经塔。此塔一般用金属铸制，外涂以金，故又称金涂塔。

在杭州雷峰塔的考古发掘工作中，从地宫出土的一座银质镏金的“宝箧印经塔”曾备受世人瞩目。该塔高 35 厘米，方形底座边长 12.6 厘米，方形塔身边长 12 厘米，四面饰有佛祖故事的浅浮雕；塔身四角有四根山花蕉叶，上有人物形象，描述了佛祖从出身到涅槃的故事；塔身正中矗立五重相轮，相轮饰有忍冬、连珠纹样，雕刻精致，造型优美；透过塔身镂空处，可见里面有金质容器，而这就是供奉“佛螺髻发”的金棺银椁。

（七）金刚宝座式塔

金刚宝座式塔的形式起源于印度，造型象征着礼拜金刚界五方佛。佛经上说，金刚界有五部，每部有一位部主，中间的为大日如来佛，东面为阿閦佛，南面为宝生佛，西面为阿弥陀佛，北面为不空成就佛。这种塔的基本特征就是：下面有一个高大的基座，座上建有五塔，位于中间的一塔比较高大，而位于四角的四塔相对比较矮小。金刚宝座式塔有三种建造形式：作为单体建筑独立建造，作为佛殿顶端的部件，作为塔刹建造。

最早的金刚宝座塔是印度比哈尔南部的佛陀迦耶大塔。中国最早的金刚宝座塔造型出现在敦煌中北周石窟的壁画之上，最早的塔形实物是山西朔县崇福寺的北魏石刻中的金刚宝座塔石刻，现存最早的建筑实物是北京真觉寺金刚宝座塔。

（八）过街塔和塔门

过街塔是中国古代佛教建筑的一种，建于街道中或大路上，塔身位于高台之上，高台开有门洞，可以通行车马行人。过街塔一般建在交通要道的重要部位。它的出现给信佛礼佛的人开启了方便之门，礼佛的人不用进庙焚香跪拜，只从塔下走过就行了。从塔下经过的行人，就算向佛行一次顶礼了。塔门就是把塔的下部修成门洞的形式，一般只容行人经过，不行车马。这两种塔都是在元代开始出现的，所以门洞上所建的塔一般都是覆钵式的，有的是一塔，有的则是三塔并列或五塔并列式。门洞上的塔就是佛祖的象征，那么凡是从塔下门洞经过的人，就算是向佛进行了一次顶礼膜拜。这就是建造过街塔和塔门的意义所在。

六、古塔举撷

在中国五千年的历史长河中，塔，这种古老的建筑，不仅被佛教界人士广为尊重，也为各地山林园林增添了不少绚丽的色彩。矗立在大江南北的古塔，被誉为中国古代杰出的高层建筑。全国各地古塔众多，这里推介10座较为知名的古塔。

（一）山西飞虹塔

飞虹塔，是国内最大最完整的一座琉璃塔，该塔矗立在山西洪洞县东北17千米的霍山山顶的广胜寺内。广胜寺分上、下二寺，相距数里，共有殿堂11座，现存建筑为元、明两代兴修建造。整个佛寺，以琉璃宝塔著称，其中上寺的琉璃宝塔即为飞虹塔。飞虹塔塔身五彩纷呈，神奇绝妙如雨后彩虹，“飞虹塔”因而得名。该塔始建于汉，屡经重修，现存为明武宗正德十一年始建，嘉靖六年完工，历时12年建成的。明熹宗天启元年，京师大慧和尚又于飞虹塔的底层加建了一圈回廊，终成今日所见之规模。

飞虹塔是我国琉璃塔中的代表作，与河南开封的佑国寺塔齐名，被誉为“中国第二塔”。塔全高47.6米，平面为八角形，是有13檐的楼阁式佛塔。塔外形轮廓由下至上逐层收缩，形如锥体，除底层为木回廊外，其他均用青砖砌成。塔身外镶黄、绿、蓝三色琉璃烧制的屋宇、神龛、斗拱、莲瓣、角柱、栏杆、花罩及盘龙、人物、鸟兽和各种花卉图案，制作精巧，彩绘鲜丽，至今色泽如新。从底层围廊顶上的琉璃瓦，到二层以上八个主面的琉璃浮雕悬塑的千百个构件，技艺超凡，令人叹为观止。相传清康熙三十四年，临汾盆地八级地震，此塔却依然屹立不倒，并保存至今。

（二）河南嵩岳寺塔

嵩岳寺塔属全国重点文物保护单位，位于郑州登封市城西北 5 千米处嵩山南麓峻极峰下嵩岳寺内。塔始建于北魏正光四年，至今已有近 1500 年的历史，是中国现存最早的密檐式砖塔，也是中国现存各类古塔中的孤例。嵩岳寺塔用糯米汁拌黄泥做浆，小青砖垒砌，这种选材及用料在世界上是首创，也是独创；历经多次地震、风雨侵袭仍不倾不斜，巍然矗立，充分展现了我国古代建筑工艺之高妙。

该塔以其优美的轮廓而著称于世，塔身上下浑砖砌就，层叠布以密檐，外涂白灰，整个塔室上下贯通，呈圆筒状。塔高 37.6 米，底层直径 10.16 米，内径 5 米，壁体厚 2.5 米，由基台、塔身、15 层叠涩砖檐和宝刹组成。塔基随塔身砌作十二边形，台高 0.85 米，宽 1.6 米。塔前砌长方形月台，塔后砌砖铺甬道，与基台同高。该塔底部在低平的基座上起两段塔身，中间砌一周腰檐作为分界。其中下段高 3.59 米，为上下垂直的素壁，比较简单，仅在四正面有门道；上段高 3.73 米，为全塔最好装饰，东、西、南、北四面各辟一券门通向塔心室，四正面券门与下段门道通，券门上有印度式火焰券门楣，其余八面各砌出一座单层方塔形壁龛，各转角处砌壁柱。中部是 15 层密叠的重檐，用砖叠涩砌出，檐宽逐层收分，外轮廓呈抛物线造型，其意匠显然来自中国的重楼，其内部则是一个砖砌大空筒，有几层木楼板。最高处有砖砌塔刹，通高 4.75 米，以石构成，其形式为在简单台座上置俯莲覆钵，束腰及仰莲，再叠相轮七重与宝珠一枚。该塔塔心室作九层内叠涩砖檐，除底平面为十二边形外，余皆为八边形。塔下有地宫。

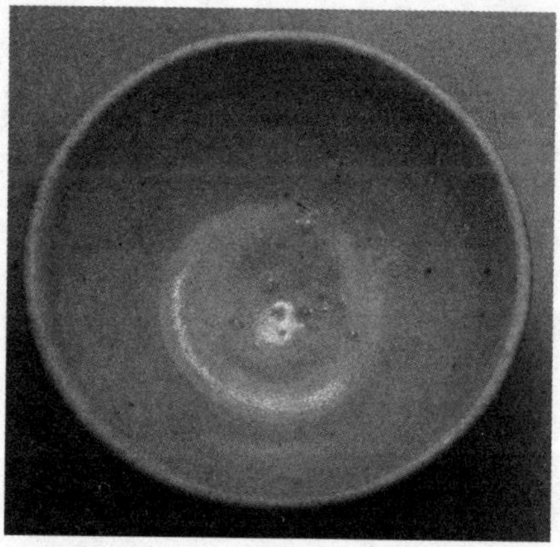

嵩岳寺塔无论在建筑艺术方面，还是在建筑技术方面，都称得上是中国古塔中的一件珍品，在中国建筑史上具有无上崇高的地位。著名建筑学家刘敦桢来考察后，在其《河南省北部古建筑调查笔记》中说：“后来的唐代方塔，如小雁塔、香积寺塔等均脱胎于此……”嵩岳寺塔刚劲雄伟，饱满韧健，高高耸出于青瓦红墙绿

树之上，为山色林影增添了一抹亮色。

（三）云南崇圣寺三塔

崇圣寺三塔背靠苍山，面临洱海，位于原崇圣寺正前方，呈三足鼎立之势，是苍洱胜景之一。崇圣寺始建于南诏丰佑年间，大塔先建，南北小塔后建，寺中立塔，故塔以寺名。该塔是中国南方最古老最雄伟的建筑之一，作为云南古代历史文化的象征，是国务院第一批公布的全国重点文物保护单位。

大塔又名千寻塔，高69.13米，共有16层，为方形密檐式空心砖塔，是中国现存座塔最高者之一，与西安大小雁塔同是唐代的典型建筑。塔心中空，在古代有井字形楼梯，可以供人攀登。塔顶四角各有一只铜铸的金鹏鸟，古籍《金石萃编》中记载："世传龙性敬塔而畏鹏，大理旧为龙泽，故为此镇之。"塔前照壁上镶有大理石镌刻"永镇山川"四字，每字1.7米，笔力雄浑苍劲，气势磅礴。据《南诏野史》（胡本、王本）、《白古通记》等史籍记载，当时崇圣寺与主塔建造时，用铜40590斤，费工708000余，耗金银布帛绫罗锦缎值金43514斤。三塔中的南北二小塔在主塔之西，与主塔等距70米，南北对峙，相距97.5米，均为五代时期大理国所建造。两塔形制一样，均为10层，高42.4米，为八角形密檐式空心砖塔，外观装饰成阁楼式，每角有柱，顶端有镏金塔刹宝顶，华丽异常。三塔浑然一体，气势雄伟，具有古朴的民族风格。

崇圣寺及三塔建成后，历经千年沧桑和风雨剥蚀，崇圣寺毁于清咸丰年间，三塔却巍然屹立。崇圣寺三塔布局齐整，保存完善，外观造型相互协调，具有很高的历史、科学和艺术价值。三塔与远处的苍山、洱海相互辉映，点缀出古城大理的历史风韵，成为大理白族文化的象征，是我国南方最壮丽的塔群。

（四）应县木塔

应县木塔全称佛宫寺释迦塔，位于山西省应县城内西北佛宫寺内，因塔内

供释迦佛，而得名。木塔是佛宫寺的主体建筑，因全塔是木制构件叠架而成，故常称之为应县木塔。木塔建于辽清宁二年，金明昌六年增修完毕，它是我国现存最古老最高大的纯木结构楼阁式建筑，是我国古建筑中的瑰宝，世界木结构建筑的典范。

应县木塔建造在4米高的台基上，高67.31米，底层直径30.27米，呈平面八角形。塔顶作八角攒尖式，上立铁刹，制作精美。塔身共分五层六檐（如果加上内里四层暗层，也可以算是九层），各层均用内外两圈木柱支撑，每层外有24根柱子，内有8根，木柱之间使用了许多斜撑、梁、枋和短柱，组成不同方向的复梁式木架。该塔身底层南北各开一门；二层以上设平座栏杆，每层装有木质楼梯，游人逐级攀登，可达顶端；二至五层每层有四门，均设木隔扇，光线充足，出门凭栏远眺，恒岳如屏，桑干似带，尽收眼底，心旷神怡。塔内各层均塑佛像：一层为释迦牟尼，高11米，面目端庄，神态怡然，顶部有精美华丽的藻井，内槽墙壁上画有6幅如来佛像，门洞两侧壁上也绘有金刚、天王、弟子等，壁画色泽鲜艳，人物栩栩如生；二层坛座呈方形，上塑一佛二菩萨和二胁侍；三层坛座呈八角形，上塑四方佛；四层塑佛和阿难、迦叶、文殊、普贤像；五层塑毗卢舍那如来佛。各佛像雕塑精细，各具情态，有较高的艺术价值。

木塔的设计，大胆继承了汉、唐以来富有民族特点的重楼形式，充分利用传统建筑技巧，广泛采用斗拱结构，全塔共用斗拱54种，每个斗拱都有一定的组合形式，有的将梁、坊、柱结成一个整体，每层都形成了一个八边形中空结构层。应县木塔全靠斗拱、柱梁镶嵌穿插吻合，不用钉不用铆，设计科学严密，构造完美，巧夺天工，是一座既有民族风格、民族特点，又符合宗教要求的建筑。有人计算，整个木塔共用红松木料3000立方，约2600多吨重。木塔整体比例适当，建筑宏伟，艺术精巧，在我国古代建筑艺术中可以说达到了最高水平，具有较高的研究价值。

据考证，在近千年的岁月中，木塔除经受日夜、四季变化、风霜雨雪侵蚀外，还遭受了

多次强地震和炮弹袭击，然而木塔仍傲然挺立。应县民间一直流传着这样的说法：应县木塔有三颗宝珠：避火珠、避水珠、避尘珠。这三颗宝珠分别安放在释迦牟尼塑像最高贵的部位，从此，塔内一片佛光宝气，木塔可以自行防火、防水、防尘。避火珠是说无论天空打雷，还是炮火袭击，木塔一概没有失过火，是有避火珠把火逼走了；避水珠是说原来应县城四个角都有水，可是到了塔底下就没有水，这座塔寺也不下沉，是避水珠起了作用；木塔上面一直没有尘土，就是说一有尘土，避尘珠就把尘避走了，所以塔上非常干净。斗转星移，岁月悠悠。不管科学解释，还是民间传说，这座近千年屹立不倒的木塔在应县人民心中已经成了当地的保护神，他们以木塔为骄傲，以木塔为荣耀，每年的端午节，当地百姓都要身着新装，全家老少一起到木塔前烧香祈祷，场面十分隆重。

（五）大雁塔

大雁塔位于陕西省西安市南郊慈恩寺内，故又名慈恩寺塔。该塔建于唐代永徽三年，是玄奘为藏经典而修建的，以“唐僧（玄奘）取经”故事驰名。大雁塔被视为古都西安的象征，西安市徽中央绘制的便是这座著名古塔。

大雁塔名称由何而来呢？玄奘所著《大唐西域记》中记载的他在印度所闻僧人埋雁造塔的传说，解释了最可信的雁塔由来之论说。相传很久以前，摩揭陀国（今印度比哈尔邦南部）的一个寺院内的和尚信奉小乘佛教，吃三净食(即雁、鹿、犊肉)。一天，空中飞来一群雁。有位和尚见到群雁，信口说：“今天大家都没有东西吃了，菩萨应该知道我们肚子饿呀！”话音未落，一只雁坠死在这位和尚面前，他惊喜交加，遍告寺内众僧，都认为这是如来佛在教化他们。于是就在雁落之处，以隆重的仪式葬雁建塔，并取名雁塔。唐朝高僧玄奘在印度游学时，瞻仰了这座雁塔。回国后，在慈恩寺译经期间，为存放从印度带回的经书佛像，在慈恩寺西院，建造了一座仿印度雁塔形式的砖塔，这座

塔就叫雁塔，名称延续至今。

大雁塔平面呈方形，建在一座方约45米，高约5米的台基上。塔7层，底层边长25米，由地面至塔顶高64米。一层塔座登道的墁砖处，平卧有一通“玄奘取经跬步足迹石”，所刻图案生动地反映了玄奘当年西天取经的传说故事，以及他万里征途、始于跬步的奋斗精神。二层供奉着一尊铜质镏金的佛祖释迦牟尼佛像，被视为“定塔之宝”，在两侧的塔壁上，还附有文殊、普贤菩萨壁画两幅及多幅名人书法。在三层塔室的正中，安置一木座。座上存有珍贵的佛舍利及大雁塔模型。大雁塔的模型是严格按照1：60的比例制作的，惟妙惟肖。五层陈列着一通释迦如来足迹碑，上有诸多佛教图案；在五层的塔室内，还收集展出玄奘鲜为人知的数首诗词。可见玄奘高超的诗词艺术造诣。六层悬挂有唐代五位诗人诗会佳作，诗圣杜甫与岑参、高适、薛据、储光羲曾相约同登大雁塔，凭栏远眺，触景生情，每人赋五言长诗一首，流传至今。在第七层大雁塔的塔顶，刻有圣洁的莲花藻井，中央为一硕大莲花，花瓣上共有14个字，连环为诗句。壁上玄奘所著《大唐西域记》中，记载了他在印度所闻的僧人埋雁造塔传说，向游人解释了最可信的雁塔由来之论说。

塔身用砖砌成，磨砖对缝坚固异常。塔内有楼梯，可以盘旋而上。每层四面各有一个拱券门洞，登临远眺，西安风貌尽收眼底。塔的底层四面皆有石门，门楣上均有精美的线刻佛像，据传为唐代大画家阎立本的手笔。塔南门两侧的砖龛内，嵌有唐初四大书法家之一的褚遂良所书的《大唐三藏圣教序》和《述三藏圣教序记》两块石碑。唐末以后，寺院屡遭兵火，殿宇焚毁，只有大雁塔巍然独存。至今，大雁塔仍是古城西安的标志性建筑，也是闻名中外的胜迹。

（六）雷峰塔

雷峰塔，因《白蛇传》为世人所熟知，它坐落在西湖南岸夕照山的雷峰上，南屏山日慧峰下净慈寺前。雷峰塔一名西关砖塔，初为吴越国王钱俶于北宋太平兴国二年为庆祝黄妃得子而建，故又名黄妃塔。据《临安府志》记载，

从前有个姓雷的人在此筑庵隐居，因而称作雷峰。雷峰塔，因位于雷峰之上而得名。雷峰塔原是一座八角形、五层的砖木结构的楼阁式塔，塔檐、平座、游廊、栏杆等为木构。

该塔建成后多次遭遇重创。北宋宣和二年，雷峰塔遭到战乱的严重损坏，南宋庆元年间重修，建筑和陈设重现金碧辉煌，特别是黄昏时与落日相映生辉的景致，被命名为“雷峰夕照”，列入西湖十景。明嘉靖年间，入侵东南沿海的倭寇围困杭州城，纵火焚烧雷峰塔，灾后古塔仅剩砖砌塔身，通体赤红，一派苍凉。明末杭州名士闻启祥曾将其与湖对岸的保俶塔合在一起加以评说：“湖上两浮屠，雷峰如老衲，保俶如美人。”此说一出，世人称是。清朝前期，雷峰塔以裸露砖砌塔身呈现的残缺美以及与《白蛇传》神话传说的密切关系，成为西湖十景中为人津津乐道的名胜。清朝末年到民国初期，屡屡遭迷信者盗挖。1924年9月25日下午1点40分，以砖砌塔身之躯苦苦支撑了400年遍体创伤的雷峰塔轰然倒塌。不仅作为西湖十景之一的“雷峰夕照”成了空名，而且“南山之景全虚”，连山名也换成了夕照山。

浙江省和杭州市人民政府按雷峰塔原有的形制、体量和风貌建造雷峰新塔。雷峰新塔于2002年10月25日如期落成。雷峰新塔建在遗址之上，保留了旧塔被烧毁之前的楼阁式结构，完全采用了南宋初年重修时的风格、设计和大小建造。新塔通高71.7米，由台基、塔身和塔刹三部分组成，其中塔身高45.8米，塔刹高16.1米，地平线以下的台基为9.8米。由上至下分别为：塔刹、天宫、五层、四层、三层、二层、暗层、底层、台基二层、台基底层。打开一道沉沉的古式门，可以走进新塔底层，这里就是古塔遗址。而在台基二层，可以看到遗址的模样。新塔二、三、四层将分别展示铜版线刻壁画“吴越造塔图”、雷峰塔历代诗文佳作、彩绘壁画当今“西湖十景”。全塔上、下、内、外装饰富丽典雅，陈设精美独到，功能完善齐备，以崭新的风貌和丰厚的内涵在西湖名胜古迹中大放异彩。雷峰新塔建成后，已经消失了70余年的雷峰夕照再次重现。

而《白蛇传》的传说，由来已久。冯梦龙的《警世通言》，又将其记录整

理，题为《白娘子永镇雷峰塔》。至此故事基本完整，并与杭州西湖、镇江金山寺等地名紧密相连。雷峰塔，在某种意义上，它名播万里正是因为镇压白娘子的传奇。

（七）苏州虎丘塔

虎丘塔，位于苏州城西北郊云岩寺内，又称云岩寺塔。1961 年列为全国重点文物保护单位之一。相传春秋时吴王夫差就葬其父（阖闾）于此，葬后三日，便有白虎踞于其上，故名虎丘山，简称虎丘。该塔始建于隋文帝仁寿九年，初建成木塔，后毁。现存的虎丘塔建于后周显德六年至北宋建隆二年，为砖塔。元代和明代几经修葺，现第 7 层为明崇祯十一年前后修建的。虎丘塔是现存最古老的砖塔，也是唯一保存至今的五代建筑，塔身设计完全体现了唐宋时代的建筑风格。

虎丘塔是大型多层的仿木构楼阁式砖塔，七级八面，砖身木檐，是 10 世纪长江流域砖塔的代表作。初建时虎丘塔高大概 60 米（虎丘塔自宋代到清末多次遭受火灾，故顶部的铁刹已倒，现塔身高 47.5 米），以条砖和黄泥为主要建筑材料。塔的平面形状为八边形套筒式结构，塔内有两层塔壁。其层间以叠涩砌作的砖砌体连接上下和左右，这样的结构，性能十分优良，虎丘塔历经千年斜而不倒，与其优良的结构是分不开的。塔身平面由外墩、回廊、内墩和塔心室组合而成。砖砌建筑结构比例适度，各层高度并非有规则的递减。全塔由八个外墩和四个内墩支撑。内墩之间有十字通道与回廊沟通，外墩间有八个壶门与平座（即外回廊）连通。自虎丘塔之后的大型高层佛塔也多采用套筒式结构。当代世界上的高层建筑也多采用套筒结构，显示了我国古代建筑匠师们超世的智慧和精湛的技巧。

世界闻名的虎丘塔高高耸立于景色幽雅的虎丘山巅，作为苏州现存的最古老的一座佛塔，是古城苏州的象征，被誉为“吴中第一名胜”。由于塔基土厚薄不均、塔墩基础设计构造不完善等

原因，从明代起，虎丘塔就开始向西北倾斜，据初步测量，塔顶部中心点距塔中心垂直线已达2.34米，斜度为2.48度。因此，虎丘斜塔又被称为“中国第一斜塔”和“中国的比萨斜塔”。

（八）六和塔

六和塔坐落在浙江省杭州市钱塘江北岸的月轮峰上，始建于北宋开宝三年。六和塔的建造缘由比较特殊，它并非因为单纯的佛教意义而建，据《咸淳临安志》卷82载：“智觉禅师延寿始于钱氏南果园开山建塔，因地造寺，以镇江潮，塔高九级，五十余丈，内藏佛舍利。”可以看出，六和塔最初是用来镇伏江潮的。据说，六和塔建成之后，江潮果然平稳，不再荡溢迸流。此外，塔的顶层装有明灯，为夜晚航行的船只指路，兼具了灯塔的功能。

六和塔又名六合塔，其名称之由来，历来说法不一，或谓取诸佛教典籍《本业璎珞经》中之“六和敬”，曰：身和同住，口和无争，竟和同悦，戒和同修，见和同解，利和同均；或谓取诸道教之“六合”，即：天、地、东南西北四方；或谓源自《晋书·五行志》“六气和则沴疾不生，盖寓修德祈年之意”。其实，无论哪种说法，都无非是寄托了人们对六和塔消灾祈福功能的冀望，如果一定要判断孰是孰非，反而显得画蛇添足了。关于六和塔的来历，民间则一直流传着“六和镇江”的故事，说的是古时钱塘江里住着一位性情暴躁的龙王，经常无缘无故兴风作浪，打翻渔船，淹没农田，附近人民怨声载道。见此情景，有个渔民的儿子六和挺身而出，发誓要学精卫填海，用石头填满钱塘江，不让龙王再危害人间。六和扔了七七四十九天石头，终于降伏了龙王。后人为了纪念六和的壮举，就在月轮山上修建了一座宝塔，并以六和的名字作为塔名，这就是“六和塔”。

宋宣和三年，六和塔毁于兵火。南宋绍兴二十二年，高宗赵构因见钱塘江潮捣堤坏屋，侵毁良田，便命有关官员预算费用，决计重建六和塔。这时，僧

人智昙挺身而出，愿“以身任其劳，不以丝毫出于官”。他历经艰辛，前后历时十余年重新建好六和塔，塔院亦告落成。该寺依塔而建，反映了中国早期寺庙中的风格，即先有塔，后有寺，寺之建筑以塔为中心而建，而不是像后期寺庙建筑那样，以塔为附属物。如今寺虽已不存，但从残余的建筑还可窥见当时格局之一斑。元朝元统年间，六和塔曾因年久破败而作修缮。明嘉靖十二年，六和塔遭倭寇破坏；万历年间，佛门净土宗著名高僧袾宏（莲池大师）主持大规模重修。清朝雍正十三年，世宗再次下诏命浙江巡抚李卫作大规模修整。乾隆十六年，高宗弘历南巡到杭州，为每层依次题字立匾，第一层为“初地坚固”，前供地藏菩萨塑像，后置明万历刻北极真武像；二层是“二谛俱融”，供东海龙王像；三层写作“三明净域”，供弥陀、观音、势至像；四层书题“四天宝纲”，供鲁智深像——这是根据《水浒》故事中武艺高强的鲁智深圆寂之地就在六和塔的传说，后人因而为之在此塑像；五层题的是“五云扶盖”，供毗卢观世音像；六层四字为“六鳌负戴”；七层留题了“七宝庄严”。其中，明线刻真武像至今犹存，其余所供奉的佛道偶像都已毁损无存。当时，六和塔的各项设施，不但都得到了恢复，而且还有所增益。开化寺香火的规模当然也今非昔比，一时间，香火鼎盛，人声喧沸，可以说是六和塔历史上又一盛大时期。

现存六和塔，平面八角形，外观八面十三层，内分七级。高 60 米，占地 888 平方米。从塔内拾级而上，面面壶门通外廊，各层均可依栏远眺，那壮观的大桥，飞驶的风帆，苍郁的群山，赏心悦目。塔身自下而上塔檐逐级缩小，塔檐翘角上挂了 104 只铁铃。檐上明亮，檐下阴暗，明暗相间，从远处观看，显得十分和谐。塔内每二层为一级，有梯盘旋而上，壁上饰有“须弥座”。须弥座上有二百多处砖雕，砖雕的题材丰富，造型生动，有斗奇争妍的石榴、荷花、宝相，展翅飞翔的凤凰、孔雀、鹦鹉，奔腾跳跃的狮子、麒麟，还有昂首起舞的飞仙等等。这些砖雕，是中国古建筑史上珍贵的实物资料。

六和塔是杭州著名的景点之一，曾有人评价杭州的三座名塔：六和塔如将军，保俶塔如美人，雷峰塔如老衲。从六和塔内向江面眺望，

还能领略钱塘江的风光。所以历代有不少的文人墨客作诗咏叹，宋郑清之有诗句云：“径行塔下几春秋，每恨无因到上头。”又有诗云：“孤塔凌霄汉，天风面面来。江光秋练净，岚色晓屏开。”真实地描绘了六和塔和钱塘江的风光。

（九）苏州报恩寺塔

报恩寺塔，号称“吴中第一古刹”。坐落于苏州市内报恩寺中，又名北寺塔。传始建于三国吴赤乌年间，古称通玄寺。该塔五代北周显德年间重建，易名为报恩寺。报恩寺塔是中国楼阁式佛塔，南朝梁时建有 11 层塔，北宋焚。南宋绍兴二十三年改建成八面九层宝塔，砖身木檐，曾刻入南宋绍定四年的《平江图》碑中。现在仍是苏州城内重要一景。

该塔塔身结构由外壁、回廊、内壁和塔心室组成。每层各面外壁以砖砌八角形柱分为三间，于当心间辟门。外壁、八角形回廊两壁及塔心方室壁上，均有砖制柱、额、斗拱隐出，自栌斗挑出木制华拱与昂。回廊转角处施木构横枋和月梁联结两壁，再以叠涩砖相对挑出，中央铺楼板，墁地砖。廊内置木制梯级。第九层回廊顶纯用叠涩砖挑至中点会合。第八九层塔心方室中央立刹杆，上端穿出塔顶支承刹轮，下端以东西向大梲承托。塔基分基台与基座两部分，均为八角形石雕须弥座式。基台高 1.34 米，下枋满雕卷云纹。台外散水海墁较现地面低 0.73 米，基座高 1.42 米，边沿距底层塔壁 0.78 米，束腰处每面雕金甲护法力士坐像三尊，转角处雕卷草、如意纹饰。据考证，塔的外壁与塔心砖造部分，以及石筑基座、基台，基本上为宋代遗构，木构部分则以后代重修居多。各层塔门过道上和塔心方室上的砖砌斗八藻井等仿木构装饰，结构复杂，手法华丽，第三层塔心门过道上的藻井尤为精致。塔内砖砌梁额、斗拱、斗八藻井，顶层塔心刹杆，内檐五铺作双抄或单抄上昂斗拱，柱头铺用圆栌斗，补间用讹角斗，内转角用凹斗，以及塔基须弥座石刻等，都是研究宋代建筑的珍贵实物。

报恩寺连同铁制塔刹共高约 76 米，其中塔刹约占全高的五分之一，底层副

阶柱处平面直径约 30 米，外壁处直径 17 米。尺度巨大，但比例并不壮硕，翘起甚高的屋角、瘦长的塔刹，使全塔在宏伟中蕴涵着秀逸的风姿。

（十）开封铁塔

铁塔又名“开宝寺塔”，坐落在开封城东北隅归远门里原甘露寺东侧，因塔身全部以褐色琉璃瓦镶嵌，远看酷似铁色，又称为“铁塔”。铁塔建于北宋皇祐元年，距今已有 900 多年的历史，是 1961 年我国首批公布的国家重点保护文物之一，素有“天下第一塔”的美誉。

据民间传说，这座铁塔的建造同一颗舍利有关。释迦佛舍利被古印度的 8 个国王均分，其中摩陀国中的一份在 200 年后为信仰佛教的阿育王所有。他取出佛舍利分藏在 8.4 万个小塔内，运送到各地，其中一部分传入中国。浙江宁波的阿育王寺就是因为得到一份阿育王的佛舍利而建造的。到了五代时期，占据浙江一带的吴越王将阿育王寺的佛舍利迎入杭州供奉，后来宋朝军队逼近吴越，当时吴越王降宋，宋太祖赵匡胤就把佛舍利供奉在东京的滋福殿中，后来又命人在城内开宝寺的福圣院中修建了当时被称为“京城之冠”的 13 层木塔，用作供奉，这就是我国历史上有名的开宝寺塔。此塔在建成 55 年后毁于雷火，而后宋仁宗重修开宝塔。为了防火，材料由木料改成了砖和琉璃面砖，也就是今天我们见到的铁塔。

铁塔呈等边八角形，共 13 层，为国内现存琉璃塔中最高大的一座。塔高 55.88 米，底层每面阔为 4.16 米，向上逐层递减。塔外面的铁色琉璃砖，砖面花纹图案达 50 余种，其中有波涛祥云、飞天、仙姑、云龙、坐佛、菩萨、伎乐、僧人、麒麟、狮子、花卉等，每块琉璃砖都堪称宋代砖雕艺术之杰作。令人惊奇的是，塔为仿木砖质结构，但塔砖如同斧凿的木料一样，个个有榫有眼，有沟有槽，垒砌起来严密合缝，恰到好处，坚固美观。铁塔层层建有明窗，一层向北，二层向南，三层向西，四层向东，以上雷同，其他如

盲窗。明窗具有透光、通风、瞭望、减轻强风对塔身的冲击力等多种功能。环挂在檐下的104个铃铎，每当风度云穿时，悠然而动，像是在合奏一首优美的乐曲。塔内有砖砌蹬道168级，绕塔心柱盘旋而上，游人可沿此道扶壁而上，直达塔顶。登上塔顶极目远望，可见大地如茵，黄河似带，游人至此，顿觉飘然如在天外。据《如梦录》记载，基座辟有南北二门，南门上有一块"天下第一塔"门匾，基座下有八棱方池，北面有小桥可跨池而过，由小桥进北门入塔。可见，铁塔曾是坐落在水池上的水中塔，建筑艺术风格之奇特，实属罕见。铁塔设计精巧，完全采用了中国传统的木式结构形式，以其卓绝的建筑艺术和宏伟秀丽的身姿驰名中外。

"擎天一柱碍云低，破暗功同日月齐。半夜火龙翻地轴，八方星象下天梯。光摇潋滟沿珠蚌，影落沧溟照水犀。火焰逼人高万丈，倒提铁笔向空题。"元朝冯子振笔下的铁塔给人以美的享受。铁塔建成近千年，历尽沧桑，仅史有记载的就遭地震38次、冰雹10次，风灾19次，水患6次，尤其是1938年日军曾用飞机、大炮进行轰炸，但铁塔仍巍然屹立，坚固无比。

（十一）安庆振风塔

振风塔，又名万佛塔，位于安庆市迎江区沿江东路北侧的迎江寺内，南临长江，号称是"万里长江第一塔"。该塔建成于明隆庆四年，迄今已有400多年的历史。

振风塔是七层八角楼阁式的建筑，砖石结构。高60.86米，各层面阔与层高按比例自下而上逐层收分，整体轮廓呈圆锥体形。底层建有宽大的基座，每边长18.72米，各层塔心室均为八角形。每层皆有腰檐平座，出两跳。塔内有168级台阶，拾级盘旋而上，直达顶层。每层塔门虚实交错，平台上围以白石栏杆，可登临远眺，每层檐角均悬以风铎。塔刹由八角形须弥座、圆形覆钵、球状五重相轮和葫芦形宝瓶构成。塔内供西方接引阿弥陀佛、弥勒佛和五方佛，

塔身嵌有砖雕佛像、历史神话故事雕像1000余尊及碑刻54块。该塔除具有佛塔的功能外，还具有导航引渡的功能。

相传振风塔是为了振兴文风所建。在明代以前，安庆从未出过状元，文风凋敝。一些星相家端详安庆地形后，煞有其事地认为，安庆一带江水滔滔，文采难以在此扎根，须建塔镇之，才不能让文采东流。此说虽然荒诞，但有趣的是，安庆自建成振风塔之后，境内文风果然昌盛，才人辈出，明清两代，出了大思想家方以智，父子宰相张英、张廷玉，状元赵文楷，书法大家邓石如等。文人作家更是数不胜数，以桐城籍文人为开创者和主要作家的散文流派——桐城派，更是雄踞清代文坛200余年。每年八月十五中秋之时，冰轮高挂苍穹，江中塔影之旁突然幻出无数塔影，五彩纷呈，煞是神妙奇绝。传说此为万里长江两岸群塔集会安庆，向振风塔作一年一度的“朝觐”盛况，为此，振风塔又有“长江塔王”之说。数百年来，风雨沧桑，“长江日浩荡，塔影流不去”。闲来游塔，如登云梯，如入瑶台仙阙。

振风塔临江而立，为长江流域规模最大、最高的七级浮屠，享有“万里长江第一塔”和“过了安庆不看塔”之美誉。振风塔的造型和结构基本上是集我国历代佛塔建筑艺术之大成，融合了我国古代建筑的民族特色，并加以发展和提高。此塔设计精巧，造型别致，结构新颖，在我国佛塔中独树一帜，具有很高的历史、艺术和科学价值。2006年，被国务院批准列入第六批全国重点文物保护单位名单。

（十二）天宁寺三圣塔

天宁寺三圣塔位于河南省沁阳市博物馆院内，该塔建于金大定十一年，距今已有800多年的历史，位居河南三大金塔之首。与三圣塔遥相呼应的唐《大云寺皇帝圣祚之碑》就具体地记载了寺院的兴废及创建木楼阁的详细情况，所以我们今天看到的金塔是在唐木楼阁的基础上创建的，难怪后人评价该塔是“砖塔抱木塔，小阁

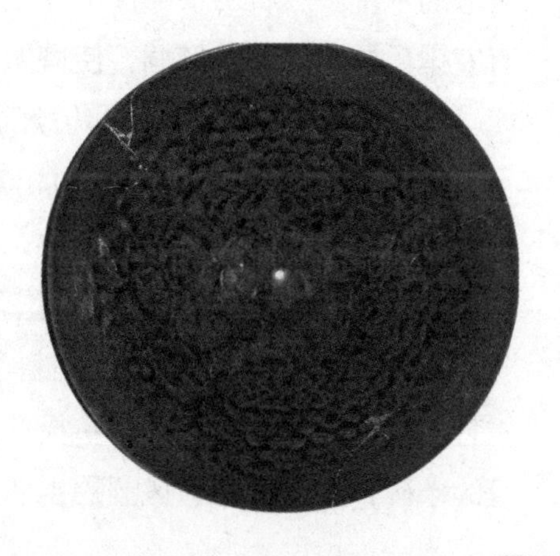

托大塔”。

天宁寺三圣塔总高32.76米，由基座、塔身、塔顶三部分组成。方形基座占地140多平方米，高6.5米，其上置边长8.6米的须弥座，承托着13层密檐式塔身。基座南面一券门上方有青石题额一方，上书“中天一柱”四个大字，为时任怀庆知府的张甑所题。第一层塔身四面设门，门两边施隐窗，在普柏枋以上设砖砌斗拱承托撩檐枋，以上各层叠涩密檐下均施菱角砖，并砌出腰檐。檐上砌菱角牙子，其上叠涩做出密檐，各层高度由下向上逐层递减，宽度也逐级收敛，使整体外轮廓呈抛物线形。刹顶为一小宝塔，相轮式刹座，上置宝珠。由于三圣塔特殊的造型，使其既雄伟壮观，又玲珑迷人。

三圣塔外观仿唐，内部结构似宋。庞大的石造基座内为双环体壁，两壁中间设回廊走道。内环中心为双层心室，塔身一至九层，各层均有心室。各心室下部砌地窨，上铺木楼板，顶部是用砖砌成不同图案的天花藻井。各心室四壁，或开设佛龛，或开设与上下相通的洞门甬道。塔内是竖井式的方形通道，通道两壁有脚窝，可供游人攀登。通道直至第9层，从9层外部攀沿而上，才可以登上十三层顶，这是取“九霄云外”之意。最令人赞叹的是从进入塔门到达塔身第九层，要通过九平、九转、九竖的“三九”通道，每个九的长度恰好相等。建塔者的匠心技艺还表现在：一至九层的各层地窨和藻井，都留有16至18厘米见方的活口，明确地告诉人们，当年建塔的程序是先修成井架形木塔，作为圣塔的木骨。然后从顶部挂上垂线，作为掌握中心高度和四壁数据的标准。还有安排巧妙的气窗、风洞，使塔内各个部位的空气都清新宜人。在采光上也出现了“明三层、暗三层”。以巧妙的气窗风洞和较大的心室组合，使三圣塔产生了良好的聚音效果，三里之外的声音在塔内都变得清晰悦耳，所以又称为三绝塔。

从外观看，三圣塔庞大的基座用青石砌面，给人以稳固刚毅之感。砖造塔身，通体呈土色，拔地而起，雄健于世。铁铸刹顶，又给人以坚不可摧的感觉。木骨大架含而不露，只在心室极处才可窥见。尤其是在用砖上，不论是垒砌塔身的条砖，建造气窗、风洞的拱砖，各层密檐的菱角牙子砖，还是安置在四角

的大方砖、三角形砖、抹角砖，全是按照设计事先烧制而成。所以有"三圣塔，地接天，垒塔不用刀砍砖"的说法。三圣塔是我国古代劳动人民勤劳智慧的结晶，也是沁阳古代文明的象征。

（十三）邛崃大悲院石塔

邛崃大悲院石塔坐落在四川省邛崃县镇西山南麓高兴乡石塔寺内。寺原名为大悲寺，故塔名为邛崃大悲院石塔，全称是"释迦如来真身宝塔"，始建于南宋乾道八年。

塔在寺前山门外，距山门约 8 米，处于寺内建筑中轴延长线上，通高 17.8 米，全部用红色砂岩砌筑，平面四方形，为 13 层密檐式。由塔基、塔身和塔刹三部分组成。塔基高约 4 米，分基台和基座两部分。基台以平整的条石砌成正方形平台，露出地面部分约 0.5 米，边长约 6 米，分立四天王像，含有四大天王托塔之意。基座为双重须弥座，高约 3.5 米，中间是束腰，以间柱分为三间，柱间浮雕海堂曲线形壶门三个，内有阴刻牡丹、莲荷等线条的花卉，繁简相宜，线条流畅，是不可多得的宋代花卉图案雕刻佳品。双重须弥座上雕有纹饰和佛龛，须弥座束腰上面装饰着仰莲瓣花纹，上层须弥座直接叠在下层须弥座的上枋上。这种佛塔基座是典型的宋塔风格，高大的须弥座上托着第一层塔身的附阶回廊，回廊同须弥座一样宽大高耸。座上有回廊，四面用 12 根八方形石柱托起微翘的四角攒尖房盖。第一层塔身的龛门上，以石刻叠涩八层挑出，与须弥附阶檐柱共同支托起第一层宽大的塔身，塔檐为石砌四角反翘。这种建筑结构为国内佛塔所罕见，表现了南方建筑的特点。第一层塔身以上，出密檐 12 层，相距很近。塔檐均以石刻叠涩挑出。塔身底层较高，约 4.1 米，四面均有佛龛，龛内供四方佛，龛楣题匾"释迦如来真身宝塔"，佛塔东、西、北三面上款题："敕赐大悲院兴建石塔僧安静记"，南面的上款为："大宋壬辰乾道八年秋兴建石塔僧安静记"。第二层以上塔身伸出，腰檐由整石凿成，四角反翘。每层间均辟有三个小佛龛，用以替代门窗。整个塔身外观，从第

二层起到第六层每层略为增大，而从第七层到十二层逐层收小。塔身中段微凸，略呈梭形，显得格外流畅挺拔，塔刹高1米。在塔顶置覆钵两重，上置葫芦宝瓶。唐宋塔的塔刹本是十分讲究的，但大悲院石塔的塔刹与整座宝塔的建筑风格极不协调。明正统年间因“寺殿凋零，塔顶毁败”，寺僧荣昌以“自己衣食之资，竭志用邛崃石塔在造型和雕刻艺术，以及寺塔布局上均有独到之处，对研究我国佛塔建造史与构造艺术有着极其重要的参考价值。

（十四）安阳文峰塔

文峰塔位于安阳市古城内西北隅，原名天宁寺塔。天宁寺始建于隋仁寿初年，塔修造于后周广顺二年，迄今已有一千多年的历史。五代、宋、元、明、清历代均有增修。清乾隆三十七年，当时任彰德（即今安阳）知府的黄邦宁，主持重新修葺天宁寺，使得天宁寺规模达到鼎盛，被誉为“南北丛林之冠”。他认为塔与南边的孔庙（在今安阳市西大街小学校内）相呼应，二者可以代表古城的文化高峰，便在塔门横额上题了“文峰耸秀”四个大字，于是此塔又得名“文峰塔”，一直沿用到今天。

文峰塔高38.65米，塔基周长40米。砖身木檐。八角形的塔身立于圆形莲花座上，莲瓣共7层，上下交错，左右舒展，上承塔身，下护塔基，把塔装饰得更为美丽壮观。塔的上身五级出檐，从下往上逐级增大。每层出檐的斗拱又不尽相同。八角檐头系有铜铎，微风吹动，叮当作响，给人以高远静穆之感。塔顶有相轮、塔刹。塔的下身四周正面，各有一门，其中正南面为真门，余为假门。券门首额，有砖雕二龙戏珠图像。八角均有巨龙环绕的盘龙柱，上加铁链枷锁，非常壮观。八根龙柱之间，有八幅砖浮雕佛教故事图像：正南面为三身佛像，西南角是释迦佛说法像，西面为悉达多太子诞生图像，西北角一幅是释迦佛雪山苦行修定像，北面为观音菩萨与善财龙女像，东北角是佛为天人说法像，东面一幅为释迦佛涅槃像，东南角是波斯匿王及王后侍佛闻法像。这些浮雕造型生动，神情逼真，姿态自然，栩栩如生，是不可多得的艺术珍品。

七、中国古塔文化

在中华文明的历史长河中，中国古塔建筑无疑是其中的一朵奇葩。中国古塔，不仅代表着古代劳动人民的创造力和智慧，也承载着中华民族五千年辉煌文明史，已然成为中国古典艺术的“保鲜柜”。

印度的“窣堵波”和我国固有的建筑形式与民族文化相结合的过程，就是外来文化不断中国化的过程，也是中国古塔从无到有、不断变化发展的过程。在古印度，佛舍利是埋葬、供奉在“窣堵波”中的。而在我国，塔下一般都建有地宫，以埋葬或供奉舍利。这是印度“窣堵波”与我国固有的陵墓制度相结合的产物。同印度的“窣堵波”相比，中国的古塔不但有塔刹、塔身、塔座，还有塔下地宫，在结构上已经发生了很大的变化。在近代和当代维修古塔的过程中，人们在塔顶上也曾经发现过舍利，可见塔下地宫并不是中国古塔埋葬舍利的唯一地方。但是地宫的出现，却是印度“窣堵波”中国化的一个重要标志。

在古印度“窣堵波”的前后左右，虽然还有少量的附属建筑，但都很简单。在中国古塔的周围，却有规模宏大的建筑群。在这些建筑群中，有殿堂，有走廊，有轩，也有亭。最初，塔在寺的中心。佛殿、佛堂等，围绕着佛塔修建、布局。随着佛殿在佛寺中地位的提高，殿、塔并列，或者将塔放在殿后，以至移于寺外，但古塔始终没有离开殿堂，这是古印度“窣堵波”与我国宫殿、府第等建筑形式相结合的结果。佛教要在我国传播，就必须采用我国人民熟悉并乐于接受的形式。古印度“窣堵波”的传入和发展，与佛教的传入和发展如影随形，密不可分。因此，我国的古塔不但带有浓烈的宗教色彩，也富有浓烈的民族传统文化色彩，从而成为我国古代建筑中的一种特殊类型，成为绚丽灿烂、美不胜收的一朵建筑奇葩。

对于塔的层级数目，古印度佛教是有较严格的规定的。如在《十二因缘经》中说：

“一如来，露盘八重以上，是佛塔；二菩萨，七盘；三圆觉，六盘；四罗汉，五盘；五那舍，四盘；六斯陀舍，三盘；七须陀洹，二盘；八轮王，一盘。若见之不得体，非对塔故也。”而在我国，结合我们的习俗观念，对塔的层级进行了改造翻新，因为奇数是阳数，寓意着吉祥，所以佛塔大多数是五级、七级、九级、十一级、十三级，少数还有十五级、十七级的，如云南大理南诏寺塔和四川彭县龙兴寺塔，它们都有 17 层之高。

一些名塔建造得精巧奇妙，匠心独运。如山西应县木塔，总高 67.31 米，始建于辽清宁二年，距今已近千年。从外形看是五层六檐，因各层间又设暗层，所以实为九层。除塔基和第一层墙体用砖外，通体采用木料斜撑，梁枋、短柱和斗拱等垒叠而成。这是建筑结构与使用功能的完美结合，是造型艺术的光辉典范，是中国古代建筑史上的一大奇迹，在世界上也是绝无仅有的。它又与缅甸的摇头塔、意大利的比萨斜塔、摩洛哥的香塔，被誉为世界四大奇塔，而又居其首。再如山西运城普救寺塔具有九种声学效应，与北京天坛的回音壁、河南陕县的蛤蟆音塔、四川潼县大佛寺的石琴，被称为我国现存的四大回音建筑。

塔一般建在名山古刹，成为庙宇群体的有机组成部分，形成参差错落、醒目壮观的格局。为景观平添了无限风韵。有的塔又可单独作为名山名地的标志，成为旅游胜地的重要内容之一。还有把塔建在通衢上的，称之为“过街塔”。当地民俗以为人从塔下经过，再静心念一声佛号，就可保佑人们平安吉祥。在我国还有另外一种含义的塔，即地方士人为祈求本地学子能够天开文运，考试及第，便在名山通衢建塔，名之为文风塔或文峰塔，其造型完全仿照佛塔的样式。以其峻伟醒目、挺拔向上，来激励青少年珍惜时光，发奋读书，立志成才；也以其稳定庄严、蕴涵丰富，来诫勉人们继承优良传统，开创一代新风。塔除有以上种种内涵之外，随着时代的变迁，人们又赋予它新的内容。如为缅怀革命先烈而修建的烈士纪念塔，已成为富有新时代意义的革命圣塔。

塔有拔地而起、直立高耸的特点，人们便把与此相似的建筑物也称之为塔。如香塔、水塔、电视塔、灯塔、指挥塔、塔吊等等，其中只有极个别的外表修

如塔形。如北京大学的抽水塔，修成密檐式宝塔状，加浓了北大校园古色古香的文化氛围，成为北大校园内的一道亮丽风景。

许多名塔虽遭风雨侵蚀、地震雷电、战火烽烟，却至今岿然屹立，风姿俊伟，不能不说是建筑史上的奇迹。有的塔因其特殊的遭遇而成世人关注的焦点。如山西朔县崇福寺塔，建于北魏天安元年。抗日战争时期，日本侵略者欲将它偷运日本，在装箱时爱国人士冒着生命危险把高 49 厘米的塔顶藏起来。抗战胜利后，日本将塔身归还给中国，现存于台北博物馆，塔顶则藏于山西朔县文管所。

从我国的文字发展历史来看，在早期的汉字中也没有“塔”字。佛塔传入中国之后，关于它名称的翻译五花八门，不同阶层的人们发挥着各自的才能，有的音译，有的意译，也有按形状进行翻译的。于是出现了“窣堵波”、佛图、浮屠、浮图、方坟、圆冢、高显、灵庙等各种名称。以后，人们根据梵文“佛”字的音韵“布达”，造出了一个“荅”字，并加上一个“土”字旁，以表示坟冢的意思。这样，“塔”这个字既确切地表达了它固有的埋葬佛舍利的功能，又从音韵上表示了它是古印度的原有建筑，准确、恰当而又绝妙，于是“塔”的名称流行广泛。

中国古塔作为中国多元文化的重要组成部分，是华夏文化与外来文化相融合的光辉典范。每一座名塔的建造，都充分体现着建筑师的聪明智慧。每一座名塔都铭刻着特定的历史内涵和鲜明的时代特征。塔是中国珍贵的历史文化遗产，随着历史年轮的延伸而日益受到人们的珍视。塔是历史，塔也是文化，每一座塔就是一部厚实沉重的历史文献，每一座塔又是一座光彩夺目的艺术宝库。观瞻名塔是我们学习历史，鉴赏建筑艺术和雕刻、绘画、书法等艺术，从而提高文化修养的绝好机会。登上宝塔，无限风光尽收眼底，让人神思飞越，促人奋进。塔也是我们正心修身的良师，站在塔下进行反思，对我们的道德情操和思想境界无疑会有一种升华作用。观赏名塔是一种高品位的文化活动，观赏名塔也是一种美的享受。

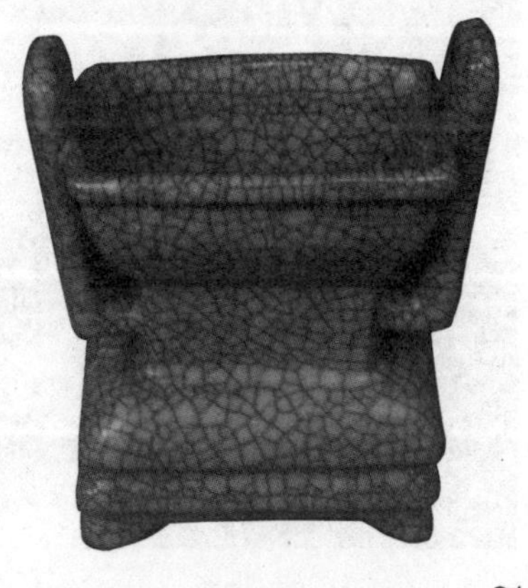

武当山古建筑群

武当山又名太和山、参上山、谢罗山、仙室山等，武当山古建筑群是根据《真武经》中真武修真的神话来设计布局，突出了真武信仰的主题。武当山古建筑群的整体布局是以天柱峰金殿为中心，以官道和古神道为轴线向四周辐射。综观全山整个建筑，荟萃了我国古代优秀建筑法式，集中体现了皇宫的宏伟壮丽，道教的神奇玄妙，园林的幽静典雅，民间的淳朴节俭等多种特色，形成了丰富多彩的传统建筑风格。

一、起源及文化底蕴

提起“武当”二字，人们脑海中首先浮现的就是金庸笔下的“武当派”。“武当派”与少林寺均因精湛渊博的武术为世人所尊崇，俗话说“北崇少林，南尊武当”，足可见武当在江湖中的地位非同一般。“武当派”以响当当的名门正派身份名闻天下，武当山则以天下名山、仙山而家喻户晓。从地理位置上看，武当山在春秋战国时期是楚、秦、韩三国交界处；从战略位置上看，这里山高壑深，地势险要，又兼交通要道，历来为兵家必争之地。因此，有人说“武当山”名的由来，与历史上兵家以武当为屏障抵挡外力有关——武当者，武力阻挡也。而据民间相传称，道教信奉的“真武大帝”就是在此得道升天，“武当”之名是由“非真武不足当之”而得来。

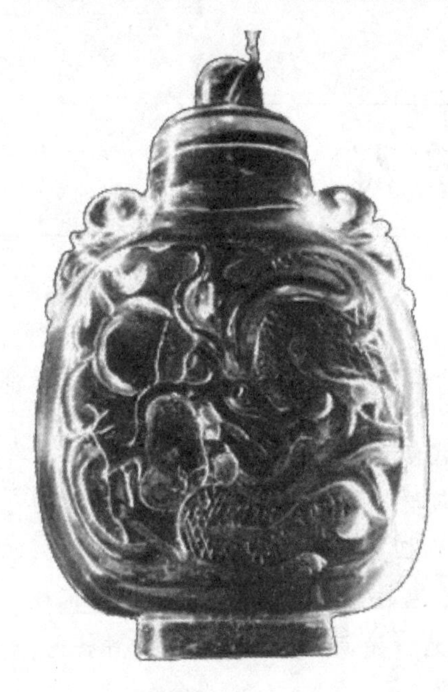

武当山又名太和山、参上山、谢罗山、仙室山等，为世界文化遗产，位于湖北省丹江口市。东连襄樊市，南依神农架林区，西接十堰市，北临丹江口水库。横贯山麓，承南接北，东西贯通，山水辉映，交通便利。武当山景区为312平方公里，有“七十二峰、三十六岩、二十四涧、十一洞、三潭、九泉、十池、九井、十石、九台”等自然胜景。峰奇涧险，洞谷幽深。主峰天柱峰海拔1612米，其余各峰均倾向天柱，一峰挺拔，众峰稽首，形恭参拜，山势奇特，蔚为奇观。

在古代，武当山以“亘古无双胜境，天下第一仙山”的显赫地位，成为千百年来人们顶礼膜拜的“神峰宝地”。在当代，武当山被誉为古建筑群与自然环境的巧妙结合，达到了“仙山琼阁”的意境，成为我国著名的游览胜地和宗教活动场所。如今武当山的道观建筑群已被列入世界遗产。

（一）起源及发展

武当山古建筑起源可追溯至很早。秦汉时，就有许多隐士、道众到此结茅为庵。有史记载，皇帝敕建始于唐代。唐贞观年间（627–649 年），太宗敕建五龙祠；大历年间（766–779 年）建“太乙”“延昌”等庙宇；乾宁三年（896 年）又建“神威武公新庙”。宋真宗时，升五龙祠为五龙观；宋宣和年间（1119–1125 年）创建紫霄宫。元代时建成九宫八观。明永乐年间，永乐皇帝遣隆平侯张信、驸马都尉沐昕、礼都侍郎金纯、工部右侍郎郭琎等率军民夫匠 30 多万人，用十二年时间，在武当山长达 160 里的建筑线上建成九宫九观等 33 处建筑群。成化、嘉靖年间，又有所扩建和增建，使武当山成为当时全国最大的道场。据不完全统计，明代有各种建筑五百多处，大小为楹二万多间。清代至民国，或毁于兵火，或遭破坏，或坍塌，武当山建筑规模逐渐缩小。

武当山古建筑群是根据《真武经》中真武修真的神话来设计布局的，突出了真武信仰的主题。在《真武经》中，真武的出生地为净乐国。因此，在均州城外建有净乐宫；五龙、紫霄、南岩为真武修炼之地；玉虚宫，因真武被封为“玉虚师相”而得名；真武曾领元和廷校府事而建元和观；回龙观、回心庵、磨针井、太子坡、龙泉观、上下十八盘、天津桥、九渡涧等无不与真武修真的神话有关。这样，就营造了一种浓厚的宗教气氛，使朝山香客一进入武当山，就沉浸在真武修真的神话氛围中，潜移默化地加深了对真武的信仰和崇敬。

武当山古建筑群的整体布局是以天柱峰金殿为中心，以官道和古神道为轴线向四周辐射。北至响水河旁石牌坊 80 公里，南至盐池河佑圣观 25 公里，西至白浪黑龙庙 50 公里，东至界山寺 35 公里。在这些建筑线上，采取皇家建筑法式统一设计布局，整个建筑规模宏大，气势雄伟，主题突出，井然有序，构成了一个完美的整体，堪称我国古代建筑的杰作。

武当山古建筑群还体现了道

教“崇尚自然”的思想，保持了武当山的自然原始风貌。工匠们按照明成祖朱棣“相其广狭”“定其规制”“其山本身分毫不要修动”的原则来设计布局。营建武当山的材料不是就地取材，而是从陕西、四川等地采买运来。《太和山志》记：“建武当宫观，材木采买十万有奇，悉自汉口江岸，直抵均阳，置堡协运。”明代诗人王世贞诗云：“少府如流下自撰，蜀江截流排豫章。”可见，当时建筑木材不是就地砍伐，这样就很好地保护了武当山的植被。在营建时，充分利用峰峦的高大雄伟和岩涧的奇峭幽邃，使每个建筑单元都建造在峰、峦、岩、涧的合适位置上，其间距的疏密、规模的大小都布置得恰到好处，使建筑与周围环境有机地融为一体，达到时隐时现、若明若暗、玄妙超然、混为一体的艺术效果。

综观全山整个建筑，荟萃了我国古代优秀建筑法式，集中体现了皇宫的宏伟壮丽，道教的神奇玄妙，园林的幽静典雅，民间的淳朴节俭等多种特色，形成了丰富多彩的传统建筑风格。明代张开东把武当山的建筑称为：“补秦皇汉武之遗，历朝罕见；张金阙琳宫之胜，亦寰宇所无。”明代诗人洪冀圣诗曰：“五里一庵十里宫，丹墙翠瓦望玲珑。楼台隐映金银气，林岫回环画镜中。”现当代许多建筑专家考察武当山后称赞说：“武当山古建筑群是我国古代劳动人民在建筑史上的一个伟大创举，是古代规划、设计、建筑的典范，也是世界建筑史上的奇迹。”1982 年，国务院公布武当山为全国重点风景名胜区时，称武当山古建筑群工程浩大，工艺精湛，成功体现了“仙山琼阁”的意境，犹如我国古建筑成就的展览。

（二）古建筑群概况

现在武当山古建筑群主要包括太和宫、南岩宫、紫霄宫、遇真宫四座宫殿，玉虚宫、五龙宫两座宫殿遗址，以及各类庵堂祠庙等共 200 余处。建筑面积达 5 万平方米，总占地面积达 100 余万平方米，规模极其庞大。被列入的主要文化遗产包括：太和宫、紫霄宫、南岩宫、复真观、“治世玄岳”牌坊等。

太和宫位于武当山主峰天柱峰的南侧，包括古建筑 20 余栋，建筑面积 1600 多平方米。太和宫主要由紫禁城、古铜殿、金殿等建筑组成。紫禁城始建于明成祖永乐十七年（1419 年），是一组建筑在悬崖峭壁上的城墙，环绕于主峰天柱峰的峰顶。古铜殿始建于元大德十一年（1307 年），位于主峰前的小莲峰上，殿体全部由铜铸构件拼装而成，是中国最早的铜铸木结构建筑。金殿始建于明永乐十四年（1416 年），位于天柱峰顶端，是中国现存最大的铜铸镏金大殿。

南岩宫位于武当山独阳岩下，始建于元至元二十二年（1285 年）。现保留有天乙真庆宫石殿、两仪殿、龙虎殿等建筑共 21 栋。

紫霄宫是武当山古建筑群中规模最为宏大、保存最为完整的一处道教建筑，位于武当山东南的展旗峰下，始建于北宋宣和年间（1119–1125 年），明嘉靖三十一年（1552 年）扩建。主体建筑紫霄殿是武当山最具有代表性的木结构建筑，殿内有金柱 36 根，供奉玉皇大帝塑像，其建筑式样和装饰具有明显的明代特色。

“治世玄岳”牌坊又名“玄岳门”，位于武当山镇东 4 公里处，是进入武当山的第一道门户。牌坊始建于明嘉靖三十一年（1552 年），坊身全部以榫铆拼合，造型肃穆大方，装饰华丽，雕刻有多种人物、花卉的图案，堪称明代石雕艺术的佳作。

此外，武当山各宫观中还保存有各类造像 1486 尊，碑刻、摩岩题刻 409 通，法器、供器 682 件，还有大量图书经籍等，也是十分珍贵的文化遗存。

武当山古建筑群自然景观与人文景观融为一体，集中体现了中国古代建筑装饰艺术的精华。在这里还衍生出武当道教、武当道乐和武当武术等文化范畴的精髓，为中华民族的传统文化增添了新内容。

（三）文化底蕴——道教圣地武当山

武当山是我国著名的道教圣地之一。武当道教是中国道教的一个重要流派，它的教理教义与中国道教的教理教义同出一辙。武当道教是“以武当山为

本山，以信仰真武——玄武，重视内丹修炼，擅长雷法及符箓禳，强调忠孝伦理、三教融合”为主要特征的一种道教派别。

真武，即元武，“元”通“玄”，故又名玄武。宋真宗赵恒因避所尊圣祖赵玄朗名讳，改玄武为真武，尊为“佑圣帝君”，沿袭至今。据《真武本传神咒妙经》记，玄武是太上老君八十二化身，于远古黄帝时，降为净乐国太子，后经其师紫元君超度，到武当山修炼42年，功成道满，升天成神，被玉皇大帝封为“玄天上帝”，镇守北方。因此，武当山被道教尊为玄天真武上帝的修炼圣地。

武当山在春秋至汉代末期，已是古代宗教重要活动场所，许多达官贵人到此修炼。诸如周大夫尹喜，汉武帝的将军戴孟，著名方士、炼丹家马明生、阴长生曾隐此山修炼。东汉末期道教诞生后，武当山逐步成为中原道教活动中心。汉末至南北朝时，由于社会动荡，数以百计的士大夫或辞官不仕，或弃家出走，云集武当山辟谷修道。同时，出现了有关真武的经书。晋朝的谢允、徐子平，南北朝的刘虬等均弃官入山修炼。《誓愿文》记，被佛教尊为“天台宗三祖”之一的慧思，六朝时入武当山访道。《神仙鉴》记，蜀汉军师诸葛亮曾到武当山学道。房中甫撰的《扬帆美洲三千年》记载，在美洲秘鲁的山洞内发现一尊手提铜牌的5世纪造的裸体女神像，铜牌上铸着“武当山”三个汉字。可见，在南北朝时，武当山已名传海外了。

隋唐时期，武当道场得到封建帝王的推崇。李唐自称为老子的后裔，认为老子是李唐的祖宗，并扶持和崇奉道教，使之成为三教（儒、释、道）之首。而使武当道教受到皇室重视的还是姚简。唐贞观年间，天下大旱，飞蝗遍地，皇帝下诏于天下名山大川祷雨，俱未感应，武当节度使姚简奉旨在武当山祷雨而应，遂敕建五龙祠。这是皇帝在武当山敕建的第一座祠庙。此时，许多著名高道隐居武当山修道，诸如姚简、孙思邈、陶幼安、吕洞宾等。唐末，武当山已被列为道教七十二福地中的第九福地。

宋元时，由于封建统治者极力推崇和宣扬武当真武神，使真武神的神格地位不断提高，促使武当道教形成，在社会上的影响日益扩大。宋真宗赵恒于天

禧二年（1018年），加封真武号为“真武灵应真君”，令建祠塑像崇祀，将五龙祠升为观。宋仁宗赵祯推崇真武为“社稷家神”，并建真武庙塑像崇祀。徽宗、宁宗、理宗等都为真武封号，虔诚祭祀。著名道士邓若拙、房长须、谢天地、孙寂然等人入山修道，宣传道经，使武当道教得到进一步发展。

元朝时，道教深受元朝统治者的恩宠，武当山成为元朝皇帝“告天祝寿”的重要道场，武当道教得到充分发展，香火旺盛。“三月三日，相传神始降之辰，士女会者数万，金帛之施，云委川赴。”著名道士汪真常、叶云莱、张守清等迅速发展教团组织，武当道教的社会影响越来越大，武当山成为与天师道本山——龙虎山齐名的道教圣地。

明代，武当山一直被历代皇帝作为“皇室家庙”来扶持，并把武当真武神作为“护国家神”来崇祀，武当山的地位升华到“天下第一仙山”，位尊五岳之上，成为全国道教活动中心，呈现了二百多年的鼎盛局面。明太祖朱元璋崇奉真武神，为后裔诸帝崇奉真武神奠定了基础。把武当道教推向鼎盛的皇帝则是明成祖朱棣。朱棣是朱元璋的第四子，初封燕王，就藩北京，镇守北方。朱元璋去世后，其长孙朱允炆即位。朱棣以“清君侧”为名，兴“靖难之师”，一举夺取他侄儿朱允炆的政权。为巩固政权，朱棣自称真武保佑他和他父亲取得天下，他为报神恩，于永乐十年（1412年）遣隆平侯张信、驸马都尉沐昕、礼部尚书金纯、工部右侍郎郭琎在元代旧址上建成九宫九观等33处庙宇。继成祖后，明朝历代皇帝、皇亲贵族、地方官吏、四方信士又在这里兴建和扩建庙宇。明世宗朱厚熜又于嘉靖三十一年（1552年）遣臣率湖广军民在武当山进行大规模重建和扩建，使武当道教宫观空前宏大。明朝皇帝为直接统治武当道场，自成祖始，历代都遣内臣（太监）和藩臣提督武当山的一切事务，直接对皇室负责。成祖从全国钦选400名道行高深的道士到武当山办道，又从中钦选23名德高望重的道士授为正六品提点，具体管理各大宫观。同时，把武当山数百里山场赏赐给道观，调555名（户）犯人到此耕种，供赡道士。永乐至隆庆年间（1403–1572年）曾遣22名内臣、48名藩臣住山提督，钦授提点191名，分管各宫观。到嘉靖（1522–1566年）时，全山各大宫观有道士少则三四百人，多则五六百人，全

山有道官、道众、军队、工匠等一万余人，朝武当者络绎不绝。明代张开东在《大岳赋》中描述其盛："踵磨石穿，声号山裂。"可见当时的繁荣景象。

清代统治者偏重佛教，不重视道教，因此，武当道教日趋衰落。但在民间，各地信士到武当山的进香活动仍十分兴盛。新中国成立后，党和政府奉行"宗教信仰自由"政策，武当道教发生了很大变化，道众们恢复了正常的宗教活动。特别是改革开放以后，武当道教得到全面发展。1984 年，成立了武当山道教协会组织，制定了《武当山道教协会章程》和各宫观管理制度，国务院把紫霄宫、太和宫收归武当山道协管理，并作为重点宗教活动场所对外开放。

武当山以道教文化为主体，派生出的历史文化遗产非常丰富，其中特色突出的有古代建筑、文物、道教音乐、武当武术、武当医药、山水文学等。

二、物质遗产

武当山古建筑群中的主要遗产有太和宫、南岩宫、紫霄宫、复真观和“治世玄岳”石坊等。

（一）太和宫

太和宫是中国著名的道教宫观之一，是武当山古建筑群的主体。

太和宫位于天柱峰顶端，距武当山镇35公里，明代任自垣编的《大岳太和山志》记，武当山，古名太和山，今名大岳太和山，大岳天柱峰上的金殿称为太和宫，到清代时则把明朝建的朝圣殿称为太和宫，并沿袭至今。太和宫，明永乐十年（1412年）敕建，历时14年竣工。敕建朝圣殿、钟鼓楼、元君殿、父母殿、诵经堂、神库、神厨、斋堂、真宫堂、朝圣堂、廊庑、寮室共计78间，赐额“大岳太和宫”。到嘉靖时，太和宫扩大到520间。

“太和”就是“道”。这一组瑰丽精巧的建筑群，处于孤峰峻岭之上。殿宇楼堂依山傍岩，布局巧妙。周围层峦叠嶂，起伏连绵。烟树云海，气象万千，把太和宫衬托得更为瑰丽神奇。明朝孙应有《太和宫》诗描绘其景之妙：“天柱开金阙，虹染缀玉墀。势雄中汉表，气浑太初时。日月抵双壁，神灵肃万仪。名山游历遍，谁似此山奇。”正殿内从前供奉着明宪宗（1465−1487年在位）御制的金像两尊，银质饰金从官像四尊。现在供奉着真武铜像和金童、玉女、邓伯文、杨戬、赵公明、温天君、马天君、水火二将等木、泥质地的造像，雕塑手法细腻，形象逼真。殿门两旁置两块铜牌，一块是明嘉靖二十九年（1550年）敕建苍龙岭雷坛设金像的御碑；另一块是嘉靖三十一年（1552年）遣工部左侍郎陆述等致祭碑。殿前是朝拜殿，两旁为钟鼓楼，悬挂

着巨大的饰龙纽铜钟，高 1.57 米，直径 1.43 米，明永乐十三年（1415 年）铸造，击之万山回应，如滚惊雷。殿前崛起一台，玉枝云叶招展，美如宝莲，名曰“小莲峰”，峰岩上刻有“一柱擎天”四个大字，字体苍劲浑朴，别具一格；还嵌着李宗仁先生游武当的题诗碑刻。峰顶崇台上置一小铜殿，通高 2.9 米，面阔 2.7 米，进深 2.6 米，由本山道士米道兴、王道一化缘，湖北、河南等地的信士在元大德十一年（1307 年）募资铸造，为我国现存最早的一座铜殿，极为珍贵。此殿原放在天柱峰巅，明永乐十四年（1416 年）因其规模小，移至于此，又名“转运殿”，亦名“转展殿”。殿后窦间阴暗无光，只容一人侧身而过。相传，环绕铜殿转一圈，可转运得福。数百年来，凡上山游人，都要到此寻乐觅趣，以冀侥幸转运得福。铜殿东南临大壑，西面双峰雄峙，中间如斧劈玉琢的石门。进入石门，只见石台之上，竖立着一座饰龙纽的巨大铜钟。传说此钟为峨眉山的宝钟，寅夜飞来，飞到这里时鸡叫天明，大钟便落了下来，因此人们称这里为吊钟台，此钟为飞来钟。吊钟台左右不远，有两口石池，碧水清澈，素称“凤凰池”和“天池”，传说是凤凰为了给工匠寻水造福，用嘴啄成的。池水清冽，据传饮之能健胃，洗之可爽身明目，十分奇妙。

1. 金殿

从太和殿旁循石阶而上，可到天柱峰顶，也就是武当山最著名的金殿所在。武当山的最高峰，海拔 1612 米，上建有古今天下第一金殿、太和宫、黄经堂、转运殿等，被誉为白云上的紫禁城。建于 1416 年，是武当山最精华的部分，有“不上金顶就不算来过武当山”之说。有海马吐雾、飞蚁来朝、陆海奔潮、金殿倒影等奇观。

金殿，俗称“金顶”。建造于明代永乐十四年（1416 年），面阔进深各三间，高 5.54 米，宽 4.4 米，深 3.15 米，全系铜铸鎏金仿木构建筑，重檐迭脊，翼角飞举，脊饰龙、凤、鱼、马等珍禽异兽，古朴壮观，下设圆柱 12 根，作宝装莲花柱础，斗拱檐椽，结构精巧，额枋及花板上，雕铸流云等装饰图案，线条柔和流畅，图案清秀美丽。殿基以花岗石砌成，周绕石雕栏杆，庄严肃穆，

美观大方。

殿内供奉铜铸镏金真武大帝造像，其像身着袍衬铠，披发跣足，丰姿魁伟，面容慈祥，金童玉女侍立左右，拘谨恭顺，娴雅俊逸；水火二将，擎旗捧剑，列立两厢，勇猛威严；神案下置“龟蛇二将”，蛇绕龟腹，翘首相望，生动传神，巧夺天工。殿内神案及案上供器，均为铜铸镏金之品，上悬清康熙皇帝御书“金光妙相”金盾，藻井之上悬挂一颗铜质镏金宝珠，相传此珠可镇山风，使其不能进入殿内，确保殿中神灯长明不灭，故人称“避风珠”。殿体为分件铸造，结构严谨，连接精密，毫无铸凿之痕，虽经五百余年风霜雨雪及雷电侵袭，至今仍金碧辉煌，宏丽如初，是我国古代建筑和铸造工艺之中的稀世珍宝，属国家重点文物保护单位。殿前两楼，一曰“金钟”，一曰“玉磬”，均是铜铸建造，铸于明代嘉靖四十二年（1563 年）。殿下峰腰绕石城一周，名紫金城，长达 1.5 公里，系以巨形条石依山势垒砌而成，蜿蜒起伏，雄伟壮观，外临悬崖，险峻超俗，东、西、北三面紧临绝壁，唯南面开门可通下山之道，此城建于明代永乐二十一年（1423 年）。登临金顶，举目远眺，四周群峰环峙，苍翠如屏，八百里武当秀丽风光尽收眼底。群峰起伏犹如大海的波涛奔涌在静止的瞬间，众峰拱拥，八方朝拜的景观神奇地渲染着神权的威严和皇权的至高无上。

金殿是武当山的象征，也是武当道教在皇室扶持下走向鼎盛高峰的标志。金殿是当时中国等级最高的建筑规制，高 5.45 米，殿顶翼角飞举，上饰龙凤、海马、仙人等吉祥之物，栩栩如生。金殿整体为铜铸，外饰镏金，结构殿身的立柱、梁枋以及瓦鳞、窗棂、门槛等诸形毕备。各铸件之间严丝合缝，浑然天成。殿体各部分件采用失蜡法铸造，遍体镏金，无论瓦作、木作构件，结构严谨，合缝精密，是中国古代建筑和铸造工艺的灿烂明珠，是中国劳动人民智慧和古代科技水平的历史见证，堪称国宝。

这里，是智慧和创造力的集成，是美和艺术的展览。金殿内壁上浅雕流云纹饰，线条柔和而流畅；紫色地墁，洗磨光洁，色调和谐柔润；金殿内供奉的真武大帝、金童玉女和水火二将等神像，均为铜铸镏金，刻画细腻，

性格鲜明，生动传神。此外，最为奇特的地方就是金顶的光球，每逢电闪雷鸣的时候，光球在金殿四周滚动，但霹雳却击不到金殿，金殿经受雷击后，不仅毫无损伤，无痕无迹，反而其上的烟尘锈垢被烧去，雨水一洗，辉煌如初。这一奇观被称为“雷火炼殿”。金殿造了已经有六七百年了，但还是完好如初，仍然光彩夺目。

2. 古铜殿

位于天柱峰前小莲峰上。元代大德十一年（1307 年）铸，高 3 米，阔 2.8 米，深 2.4 米，悬山式屋顶，全部构件为分件铸造，卯榫拼装，各铸件均有文字标明安装部位，格扇裙板上铸有“此殿于元大德十一年铸于武昌梅亭万氏作坊”，是中国现存最早的铜铸木结构建筑。

3. 紫金城

建于永乐十七年（1419 年），延天柱峰环绕，周长 345 米，墙基厚 2.4 米，墙厚 1.8 米，城墙最高处达 10 米，用条石依岩砌筑，每块条石重达 500 多千克，按中国天堂的模式建有东、南、西、北四座石雕仿木结构的城楼象征天门。该石雕建筑在悬崖徒壁之上，设计巧妙，施工难度大，是明代科学与艺术相结合的产物。

（二）紫霄宫

紫霄宫坐落在武当山的主峰——天柱峰东北的展旗峰下，是武当山上保存较为完整的宫殿古建筑群之一。自东天门入龙虎殿、循碑亭、十方堂、紫霄殿至父母殿，层层殿堂，依山叠砌，其余的殿堂楼阁，鳞次栉比，两侧为东宫、西宫，自成院落，幽静雅致，再加上四周松柏挺秀，竹林茂密，名花异草，相互掩映，使这片古建筑更显得高贵富丽。

紫霄宫，原建宫殿、廊庑、斋堂、亭台等 860 多间，赐额“太元紫霄宫”。紫霄宫背依展旗峰；面对照壁、三台、五老、蜡烛、落帽、香炉诸峰；右为雷神洞；左有禹迹池、宝珠峰。周围岗峦天然形成一把二龙戏珠的宝椅，明永乐

皇帝封之为“紫霄福地”。从刻有“紫霄福地”额匾的福地殿，进入龙虎殿，青龙、白虎泥塑神像侍立两旁。沿数百级台阶循碑亭穿过十方堂，有一座宽敞的方石铺面的大院落，院上三层饰栏崇台，捧拱主殿紫霄殿。紫霄殿进深五间，重檐九脊，翠瓦丹墙。殿中石雕须弥座上的神龛内供奉真武神老年、中年、青年塑像和文武座像，两旁侍立金童玉女、君将等，铜铸重彩，神态各异，是我国明代艺术珍品。殿左放着一根数丈长的杉木，传说从远方飞来，故名“飞来杉”；又因在一端轻轻扣击，另一端可听到清脆的响声，而称为“响灵杉”，相传亦是明代遗物。大殿四周神龛内，陈列着数以百计的元、明、清代铸造的各种神像和供器，堪称我国铜铸艺术的宝库。

紫霄殿后为父母殿，崇台高举，秀雅俏丽，殿内正中的神龛上供奉真武神的父母，即净乐国王明真大帝和善胜皇后琼真上仙。左神龛内供奉的是观音，右神龛内供奉的是三霄娘娘等，称为百子堂，是昔日信女求儿女的地方。

（三）南岩宫

南岩，又名“霄岩”，因它朝向南方，故称作南岩。它的全称是大圣南岩宫，是武当山人文景观和自然景观结合得最完美的一处。始建于元至元二十二年至元至大三年（1285—1310年），明永乐十年（1412年）扩建。位于独阳岩下，山势飞翥，状如垂天之翼，以峰峦秀美而著称。据记载，在唐朝，八仙之一的吕洞宾就曾在南岩修道，至今这里还留有他作的一首诗。

南岩的古建筑，在手法上打破了传统的完全对称的布局和模式，使其与环境风貌达到了高度的和谐统一。工匠们巧借地势，依山傍岩，使个体精致小巧的建筑形成了大起大落、颇具气势的建筑群。

现存建筑21栋，建筑面积3505平方米，占地9万平方米。保留有天乙真庆宫石殿、两仪殿、皇经堂、八封亭、龙虎殿、大碑亭和南天门建筑物。主体建筑天乙真庆宫石殿，建于元至大三年（1310年）以前，面阔11米，进深6.6米，通高6.8米，梁、柱、

门、窗等均以青石雕凿而成。顶部前坡为单檐歇山式，后坡依岩，作成悬山式，檐下斗拱均作两跳，为辽金建筑斗拱的做法。龙头香，长3米，宽仅0.33米，横空挑出，下临深谷，龙头上置一小香炉，状极峻险，具有较高的艺术性和科学性。

在南岩万寿宫外的绝崖旁，有一雕龙石梁，石梁悬空伸出2.9米，宽约30厘米，上雕盘龙，传说是玄武大帝的御骑，玄武大帝经常骑着它到处巡视。龙头顶端雕一香炉，被称为“龙头香”。有些香客为了表示自己的虔诚，每次来朝武当，冒着生命危险去烧龙头香，坠岩而亡者不计其数。清康熙年间，川湖部院总督下令禁烧龙头香，并设栏门加锁，立碑告诫。碑文说，神是仁慈的，心诚则灵，不一定非要登到悬崖绝壁上烧香才算是对神的崇敬；所以不要重蹈覆辙，毁掉宝贵的生命。

南岩景观多而独特，有一峰兀起，景色秀美的飞升崖；有伸出绝壁的龙头香；有建在危崖上的古石殿；游人到此，无不称绝！史书盛赞南岩是“分列殿庭，晨钟夕灯，山鸣谷震”。在这里，把“晨钟暮鼓”用作了“晨钟夕灯”，说明了当时南岩建筑布局错落有致，到了晚上，这里的灯火成了别具特色的景观。

（四）复真观

复真观又名太子坡。据记载，明永乐十年，明成祖朱棣敕建玄帝殿宇、山门、廊庑等29间。明嘉靖三十二年扩建殿宇至200余间。清代康熙年间，曾先后三次修葺。现基本保持当年规模，是武当建筑群中一个较大的单元。其建筑布局严谨，起伏曲折，参差变化。

复真观背依狮子山，右有天池飞瀑，左接十八盘栈道，远眺似出水芙蓉，近看犹如富丽城池。古代建筑大师们，巧妙地利用山形地势，不仅创造出1.6万平方米的占地面积，而且建造殿宇200余间，结构出“一里四道门”“九曲黄河墙”“一柱十二梁”“十里桂花香”等著名景观。这座在武当山狮子峰60度陡坡上的古代建筑，被当今建筑学家赞誉为利用陡坡开展建筑的经典之作。

1. 九曲黄河墙

走进复真观的山门，看到在古道上依山势起伏建有71米长的红色夹墙，这就是九曲黄河墙。九曲黄河墙构思布局及用意都十分巧妙，流畅的弧形墙体，似波浪起伏，气势非凡；弯曲高大的红墙，对初来乍到的虔诚香客，无疑是一次“诚信”的考验。九曲黄河墙的墙体厚1.5米，高2.5米，浑圆平整，弧线流畅悦目；配以绿色琉璃瓦顶，犹如两条巨龙盘旋飞腾，无论从什么角度欣赏，都给人以美感，体现出皇家建筑的气派和豪华。

关于九曲黄河墙名称的来历，见仁见智。道教思想认为，给道教庙宇布施的道衣、经书、造像、建筑、法器、灯烛、钟磬、斋食、香表者，都可以得到神灵的佑护，称为“九种功德”。应该说，九曲黄河墙也是体现道教思想的一种建筑。

2. 复真观大殿

复真观大殿，又名“祖师殿”，是复真观神灵区的主体建筑，也是整个建筑群的高潮部位。通过九曲黄河墙、照壁、龙虎殿等建筑物的铺垫渲染，在第二重院落突起一高台，高台上就是复真观大殿，富丽堂皇的大殿使人感到威武、庄严、肃穆，顿生虔诚之感。

复真观大殿敕建于明永乐十年，嘉靖年间扩建，明末毁坏严重，清康熙二十五年重修。因清代维修为地方官吏和民间信士捐资，难以保持原有建筑的皇家等级，反而增加了许多民间建筑做法。故通过大殿，可以同时看到明、清两代的建筑技术和艺术的遗存。

大殿内供奉真武神像和侍从金童玉女。更值得一说的是，这一组巨大的塑像为武当山全山最大的彩绘木雕像，历600年，仍灿美如新。

3. 五云楼

复真观的五云楼，也叫五层楼，高15.8米，是现存武当山最高的木构建筑。古代劳动人民在不开挖山体的情况下，完全依山势变化而建，取得了整体布局和实用性的双重最佳效果。

五云楼采用了民族传统的营造工艺，墙体、隔间、门窗均为木构，各层内部厅堂房

间因地制宜，各有变化。五云楼最有名之处就是它最顶层的“一柱十二梁”，也就是说，在一根主体立柱上，有 12 根梁枋穿凿在上，交叉叠搁，计算周密。这一纯建筑学上的构架，是古代木结构建筑的杰作，历来受到人们的高度赞誉，因而也成了复真观里的一大奇观。

4. 太子殿

在复真观建筑群的最高处，耸立着明代建造的太子殿，小巧精致，又不失皇家建筑的气魄。太子读书殿里，布置得独具匠心，少年真武读书的壁画、石案、笔墨、古籍等，所营造的刻苦读书的氛围，让人联想到当年幼年太子生活学习的艰辛、信心和恒心。殿内供奉有铜铸太子读书像，是武当山唯一求学祈福之地。游客至此，仔细观察太子读书像的神态，认真领悟太子读书的专心，或许能使自己得到新的启发和认识。

建太子读书殿，旨在突出幼年真武苦读经书的事迹。太子坡整体布局左右参差、高低错落、协调而完美，巧妙且富有神秘色彩。置身复真观的最高处，俯视深壑，曲涧流碧；纵览群山，千峰竞秀；每逢夕阳西下，还可见武当“太和剪影”的奇观。据传，莘莘学子来此瞻仰，可使学业有成。古往今来，有无数少年学子亲临观瞻，以建树学业的恒心和信心，现在，很多望子成龙的家长们也常来此地，以求事如意愿，子女成材。

利用狮子峰的特殊地形，古代建筑大师们顺依山势的回转建起九曲黄河墙，进二道山门豁然显出一宽阔院落，漫步走进，只见小院重叠、幽静雅适，前有依岩而建的“五云楼”，中有“皇经堂”“藏经阁”，后有高台之上的“太子殿”。整体布局协调而完美，充分体现道教“清静无为”的思想内涵。数百年间，复真观的人文景观被世人广为赞颂。

（五）“治世玄岳”牌坊

“治世玄岳”牌坊建于明嘉靖三十一年（1552 年），位于武当山镇东 4000 米处，为进入武当山的第一道门户，又名玄岳门。“治世玄岳”四个字为嘉靖皇帝御笔所题，为古代武当山山门“玄岳门”石坊的俗称。这四个字的含义

为：用武当道教及祀奉玄武神来治理天下。从这里可以看出明朝给予武当山的至高无上的政治地位，武当山作为明朝的“皇室家庙”，鼎盛二百多年也就不难理解了。

“治世玄岳”牌坊系石凿仿大木建筑结构，三间四柱五楼牌坊，高11.9米，阔14.5米。明间与次间之比为5：3。坊柱高6.4米，柱周设夹杆石以铁箍加固。柱顶架龙门枋，枋下明间为浮雕，大小额枋上部出卷草花牙子雀替，承托浮雕上枋和下枋，枋间嵌夹堂花板，构成明间高敞、两侧稍低的三个门道。正楼架于龙门枋上，明间左右立枋柱，中嵌矩形横式牌匾。次间各分两层架设边楼、云板与次楼，构成宽阔高耸的正楼、边楼，由上而下，逐层外展的三滴水歇山式的坊楼，中嵌横式牌匠刻嘉靖皇帝赐额“治世玄岳”。此坊结构简练，构件富于变化，全用卯榫拼合，装配均衡严谨，坊身装饰华丽，雕刻精工，运用线刻、圆雕、浮雕等方法，雕刻了人物、动物和花卉图案等，是南方石作牌楼之佳作，也是明代石雕艺术珍品。

治世玄岳石坊上的各类雕刻都蕴涵着丰富的寓意，其工艺精细、神奇美妙，堪称我国石雕艺术的精品，为举世罕见的珍贵文物。这一石坊还有一个重要意义，就是体现了道教“天人合一”的理念。按道教理念，从这里起，是人与神的分界线。向上走，即进入仙山武当，也寓意静乐国太子由人间进入仙境修炼；向下走则复还人间，古代有“进了玄岳门，性命交给神；出了玄岳门，还是阳间人”的说法。同时，这里还是人与天、地的分界线。从古均州到玄岳门为60华里，沿途建筑及空间为道教“人”的范畴；从玄岳门到武当南岩宫为40华里，这一段则为“地”的空间，也寓意太子在地的空间修炼，其间的建筑全部按太子修炼的传说而建；再从南岩到金顶为20华里，则为“天”的境界，同时，表明这里是太子修道升天后坐镇天下，赐福万民之仙境。从而形成天、地、人1：2：3的比率，恰好符合道教始祖老子“一生二，二生三，三生万物”，“人法地，地法天，天法道，道法自然”的哲学思维，突出了道教“崇尚自然”“天人合一”的基本教义。

（六）玉虚宫

玉虚宫全称“玄天玉虚宫”，因真武神为“玉虚师相”，故名。明永乐年间大建武当山时，这里为大本营，故俗称“老营宫”。这里是武当山建筑群中最大的宫殿之一，位于老营的南山脚下，距玄岳门西约4公里。玉虚宫始建于明永乐年间，规制谨严，院落重重。现存建筑及遗址主要有两道长1036米的宫墙、两座碑亭、里乐城的五座殿基和清代重建的父母殿、云堂以及东天门、西天门、北天门遗址。这些残存的遗址，到今天仍有很强的感染力，颇值得观赏。

明朝时，这里常有军队扎营，嘉靖三十一年（1552年）重修。原为五进三路院落，有龙虎殿、启圣殿、元君殿、小观殿及一系列堂、祠、庙、坛等2200余间。前后崇台叠砌，规制谨严，左右院落重重，楼台毗连，其间玉带河萦回穿插。四周朱墙高耸，环卫玄宫。其规制之宏伟，与北京太和门太和殿的气派相似，“玉虚仿佛秦阿房”，由此可见玉虚宫当年何等气派。

在永乐十六年刻的碑文中，永乐皇帝引用道教经典叙述了“真武大帝”和武当山的关系，宣称他父亲朱元璋和他取得天下，都曾得到真武神的阴助默佑，因此在武当山建造宫观，表彰神功，报答神恩。嘉靖三十二年的碑文，则追述其祖宗永乐皇帝大建武当山的功绩。碑文中写道：“二百年来，民安国阜，媿属隆三王，虽或一二气数不齐，边疆小惊，旋而殄灭。至如庚戌，内生大奸，旋用褫殛。”认为是神保佑。于是不惜耗费亿元资财，重修武当。当年的玉虚宫是城内套城，共有三城、即外乐城，里乐城和紫金城。三城都各有宫墙间隔连围，形成等级鲜明、规模宏大的宫城。当年的玉虚宫是管理武当山的大本营，住在这里的是皇帝钦选的武当提点都官至正六品。

清乾隆十年（1745年）大部分建筑被毁。现存建筑仅剩浑厚凝重的宫墙和宫门。宫墙壮如月阑绕仙阙，宫门为精雕琼花须弥石座，券拱三孔，两翼八字墙镶嵌琉璃琼花图案。门前是饰栏台阶，朱碧交辉，壮美富丽。进宫门，是占地40多亩的大院落，青砖铺地，开阔素雅；穿过玉带河，是二宫门，层层高台拱举龙虎殿、朝拜殿、正殿、父母殿等遗址；宫墙东为东宫，亦名东道院，有

砖室、浴堂、神厨、龙井等遗址；宫墙西为西宫，有望仙台、水帘洞、御花园、无梁殿等遗址。宫门内外有四座碑亭，巍然对峙。亭内各置巨大的赑屃（传说为龙王的六子）驮御碑。宫门内的两座碑亭中的石碑高 6 米，宽 2.35 米，厚 0.76 米，通高 9.03 米，它们的重量各达 100 多吨。这两座碑刻，一是永乐十一年（1413 年）为保护武当山道教的一道“圣旨”；一是永乐十六年（1418 年）大岳太和山和山道宫碑邛。宫门外有两座碑亭。四座碑文书体隽永圆润，碑额浮雕蟠龙，矫健腾舞，造型稳重虬劲。赑屃甲壳、肌肉部分有明显不同的质感，腿脚有运动负重之神态，尾卷一盘，呈使力承受高大的御碑之状。武当山现存巨大驮御碑 12 座，为海内外罕见的石雕艺术品，极为珍贵。1935 年夏，山洪暴发，数十万方沙泥直泄玉虚宫，大片房屋被吞没，号称南方“故宫”的玉虚宫自此成为一片残垣断壁。

（七）老君岩

老君岩现存遗址面积约两千平方米，它当年所营造的是道教最高尊神居住的环境，即元始天尊、灵宝天尊、道德天尊的寓所，也被称为“三清境”。老君就是人们常说的太上老君，他的名字叫李耳，是我国古代著名的哲学家，他的五千字的《道德经》被道教奉为圣典，他本人也被道教尊奉为始祖。武当道教是中国道教的重要组成部分，那么武当山供奉老君也就不足为奇了。

老君岩是武当山发现的雕凿年代最早也是唯一的一座石窟。当年在石窟前还有 23 间道房，颇具规模。石窟正中凿刻老君像一尊。老君像坐姿端庄，呈天盘修炼状，面部虽已被人损坏，但观其整座石塑，确有唐代风格。在老君岩石窟的左边还有一摩崖石刻群，上面有“太子入武当”“蓬莱九仙”等石刻。这样大面积的石窟及摩崖石刻，同时又汇集了宋、元、明、清四朝宗教祭典文字，这对研究武当山宗教及历史是难得的实物资料。

此外，在武当山的泰常观里就专门供奉着道教尊神——老子的圣像。这尊木雕老君像通高 1.96 米，贴金彩绘，面容丰润，精神饱满；神态严肃但又慈祥，像在讲经说法，又似在沉思冥想，开辟“众妙之门”大智慧之人的超然的平静被表现得

恰到好处。观此圣像，不能不为古代艺术巨匠的高超技艺所折服。

（八）武当山古神道

武当北神道位于天柱峰东北的丹江口市武当山镇。当地所产龙头拐杖、玉雕、木雕、陶瓷等工艺品，具有浓厚的地方特色。针井茶为传统名茶。襄渝铁路、老（河口）白（河）公路在此并行通过。武当山不仅拥有奇特绚丽的自然景观，而且拥有丰富多彩的人文景观。可以说，武当山无与伦比的美，是自然美与人文美高度和谐的统一，因此被誉为“亘古无双胜境，天下第一仙山”。

武当南神道位于武当山西南麓的丹江口市官山镇，距武当山金顶（天柱峰）仅有 5.7 公里，是豫川陕香客敬香的重要神道，素有武当后花园之美誉。这里群山如花，数峰如笋，大河如练，美景如画，民歌如潮。这里是八百里武当一块最原始、最神秘的幽静之地，由中国汉族民歌第一村——吕家河村和直通金顶的武当大峡谷两大景区组成，以九道河为玉带，像珍珠般串连着吕家河民歌村、红三军司令部旧址和新四军遗址、二龙戏珠、斩龙崖、尼姑岩、桃花洞、兰花谷、狮子滩、鬼谷子涧、天书谷、黑金沟大峡谷、龙潭、转运台、金蟾朝圣等众多景点。茂密的原始森林、清纯的小河流水，古朴天成，深受游客青睐，在这里能得到身心的最大放松，真正体会到世外桃源所带来的乐趣。

武当山西神道经丹江口市六里坪、官山外朝山、分道观分道开始登山，经过猴王庙、娃子坡、全真观遗址（有两株千年大银杏树）、长岭抵全龙观，计程 15 公里，现为四米宽水泥公路。再登黄土岭，到乱石窖，交古韩粮道，依次经财神、黑虎、火神、山神四座石庙，上黄土垭，再攀青龙背、吊钟台，经太和宫上金顶，计程 10 公里。因位于天柱峰西侧，史称西神道。沿途古木参天，风景如画，东有深沟大壑的雷涧（东沟河），有金鼎、眉棱两峰左右矗立，七星（贪狼、巨门、禄存、文曲、廉贞、武曲、破军）峰南北屏立。

天桥沟瀑布位于盐池河镇政府所在地以东约 9 公里处，实则为一条山涧小溪，由东向西缓缓流出，长约 3 公里，溪水自天桥处折而向北流经百米高的悬崖跌宕而下形成瀑布。

三、文化遗产

武当山神奇的自然风光与古建筑人文景观为道家文化的滋养繁衍提供了良好的土壤，而伴随道家文化的发展繁荣，也造就了武当山诸多的相关文化遗产。

（一）武当道家武术

明初，由朝廷钦选的各地各派道士四百余人来到了武当山，他们奉张三丰为祖师。于是，以张三丰为核心的武当武术派逐渐形成，它和少林武术一起，奠定了中华武术“北崇少林、南尊武当”的地位。

武当武术历史悠久，博大精深。元末明初武当道士张三丰集其大成，被尊为武当武术的开山祖师。张三丰将《易经》和《道德经》的精髓与武术巧妙融为一体，创造了具有重要养生健身价值，以太极拳、形意拳、八卦掌为主体的武当武术。后经历代武术家不断创新、充实、积累，形成中华武术一大流派。武当拳，亦名内家拳，这种拳法以养身练功、防身保健为宗旨。具有尚意不尚力，四两拨千斤，以柔克刚，后发制人，延年益寿，祛病御疾，增长智慧等多种特点和功能。目前，武当武术已流传到海内外，并成为人们养身保健、祛病延年的体育活动。

武当武术具有鲜明的道家文化特征，是武功和养生方法的天然结合体，既具有深厚的传统武术文化底蕴，又含有精湛的科学道理。太极拳强调“先以心使身”而后再以“身从心”，形意拳讲究“用意不用力，意到气到，气到力达”，八卦掌要求走转圈“化意念足”，这些都体现了道家“包藏至道”以达“想推用意终何在，益寿延年不老春”的健身宗旨，符合把形体训练与心理训练相结合的内养外练的运动观念。

武当武术理论体系和技术体系完整，它以“宇宙整体观”“天人合一

观”为宗旨，以“厚德载物”“道法自然”为原则，以“动静结合”“内外兼修”为方法，形成诸多各具特色的拳功剑法，既有功理和功法，也有套路操作和主旨要领，这些都集中体现在张三丰的《太极拳总论》《太极拳歌》和《太极拳十三式》三大经典之中。

2005年底，武当武术被纳入首批世界非物质文化遗产名录。武当博物馆特意为这位武学宗师设计了一面太极墙。无论太极拳随着时光的流逝怎样演变，张三丰所创立的这些最基础的招式已成为太极拳的精髓所在。这座大山用另一种方式永远地记住了这位具有传奇色彩的武当道人。

庄子说，阴阳为之道，阴阳演化太极。古老的中国文化衍生出一门意蕴悠长的拳法。它的追随者从古至今，超越国界。阴阳融合，你中有我，我中有你，这是中国文化具象的表现。在道家眼中，“太极圆”是世间万物最本质的运动轨迹，也是自然周而复始的永恒主题。这些“圆”的运动，既表现出一种力的柔韧含蓄之美，又蕴涵着无穷的生机和活力。

无论内功心法，还是姿态体式，武当内家拳法都给人以仙风道骨的飘逸之感和唯美享受。这样的功夫，既能养生，又能健体，被武林界推崇了数百年之久，自然也在情理之中。如今，全世界有将近5亿人练习太极拳，它被称为强身健体的最好武术门类。

无论寒暑，紫霄宫内总有道人修习武功心法。沉浸在太极的玄妙之中，意由心生，神游天地，时空仿佛自由穿梭于千百年间。

（二）武当道教音乐

武当道教音乐是中国道教音乐文化的重要组成部分，简称武当道乐。它承袭了远古巫觋舞乐传统，吸收了先秦时的民俗祭神音乐、宫廷音乐、民间音乐中的精华，根据道教特有的审美情趣，对之进行综合与改造，形成了独具神韵的道教音乐，有渲染法事情节，烘托宗教气氛的作用，并贯穿各项法事活动始

终。武当道教音乐形成较早。东汉时，道教的《太平经》认为，音乐可以感天地，通神灵，安万民。东晋时，《元始无量度人经》认为，梵气之离合而成音，这种自然之音便是大梵的隐语。这样，道教音乐就成了天神的语言，赋予了它神圣性。南北朝时，北魏道士寇谦之改直诵为乐诵，把念诵经文与音乐结合起来，相互陪衬、烘托，融为一体。南朝刘宋道士陆修静，吸收儒家礼法，制订斋醮仪式，逐步规范化。唐宋时，已初具规模。唐代时，宫廷音乐传到武当山。五代武当著名道士陈抟熟读经书，音乐修养很高。南宋时，武当道士孙寂然奉旨入宫设醮倡道。元代时，由于历代皇帝推崇真武神，每年真武生日、天寿节及皇帝生日，皇室都直接遣使到武当山建醮，使武当道乐得到发展。

明代，是武当道乐发展最辉煌的时期。由于武当道教受到明成祖朱棣的推崇，大建武当，使武当山成为"皇室家庙"，朱棣还亲自撰写《大明御制玄教乐章》，供武当道士演唱，并从全国各地钦选四百多名高道分派到武当山各宫观办道。祭祀也按宫廷制度设置"乐舞生"（受过宫廷祭祀音乐训练的御用演礼、诵经、奏乐的人），还经常在武当山设坛建醮，少则 3 天 7 天，长则 49 天。"在这类盛大的国家祀典中，道乐阵容庞大，不仅动用本山数百名道士，还行文全国各地征调道士协助，并抽调宫廷雅乐队来大壮声威"，在武当山形成了"仙乐忽从天外传""仙乐飘飘处处闻"的景象。这样，武当道乐不断完善和成熟。清代至民国时，由于道教不受官方重视，道众或出走，或还俗，通经乐者已不多，"盛极一时的武当道乐几乎声断音消"。

武当道乐是"歌舞乐"为一体的艺术形式，可分为"韵腔"和"曲牌"两大类。再根据演唱的场合和对象的不同，韵腔又分为阳调和阴调，曲牌分为正曲和耍曲。阳调，主要用于殿内祀典，配合课诵、演法，其对象是"神"，是在宗教内部活动中应用的歌曲；阴调，应用于殿堂外的斋醮道场活动，对象是"人"，是在宗教外部活动中应用的歌曲。正曲，用于为神灵做法事；耍曲，主要用于为俗民做道场。演奏乐器有钟、鼓、吊锣、铙、钹、木鱼、笙、箫、管、笛等。

武当道乐，既具有中国道教音乐的共性，又具有独特的个性特征。具

体如下：

第一，庄严典雅的气质。唐至明代，武当道场受到皇室的重视，在武当山安置神像，科仪法事，配置乐舞生，纳入皇室官府议事日程。宫廷雅乐对武当道乐影响很大，因此，具有宫廷音乐庄严典雅的气质。

第二，混融一体的独特宗教韵味。武当山的全真、正一等派别的道士长期同室讽诵经乐，相互吸收，相互渗透，形成了既丰富多彩，又协调一致的武当仙乐神韵。

第三，南北交融的地方特色。武当山与川、陕、豫相邻，这一地区的民歌、曲艺、戏曲十分丰富，武当道乐受之影响。再者，皇室从全国各地钦选四百多名高道来武当山办道，外来道士常到武当丛林云游挂单，都对道乐的发展有一定影响。

第四，武当道乐还融合吸收了相当数量的佛教文化因素，因而具有道佛融合的宗教风格。

（三）武当道教医药

武当山药用植物极为丰富，被誉为“天然药库”。明代著名医学家李时珍著的《本草纲目》记载的1800多种草药中，武当山就有400多种。据1985年药用植物普查，全山药材有617种，较名贵的有天麻、七叶一枝花、绞股蓝、何首乌、灵芝、黄连、盾叶薯蓣、江边一碗水、头顶一颗珠、天竺桂、千年艾、巴戟天等。其中，武当山绞股蓝皂甙含量为人参的三倍，被誉为南方人参，并被广泛用于抗癌药物；武当山的盾叶薯蓣，俗名黄姜、火头根，其单株皂甙元含量为16.15%，居全国之首、世界之冠。

道教以追求长生不老、修炼成仙为最高目标，为此道教徒们不懈地探索、寻找长生不老的灵丹妙方。因此，民间历来就有“十道九医”之说。武当道教医药发展较早。汉武帝曾派大将军戴孟上武当山问医采药；唐代的孙思邈、宋代的高道陈抟均来武当山，或采购或修炼；明代大医学家李时珍也深入武当山

采药……武当道教的一些养生方术，诸如行气、导引、调息、按摩等，都被纳入了中国养生领域；道教的外丹术则被纳入了制药领域，成为制药手段之一；道教的内丹术也大大丰富了中国传统医学理论和医疗手段。这样一来，就逐步形成了与传统医学既有联系，又独具特色的武当道教医药。

（四）武当道家文物

武当山地区的文物丰富多彩，价值连城。现挖掘出土部分古生代－中生代－新生代动物化石。在磨针井、太子坡、南岩宫等处现存六件海洋无脊动物“直角化石”，是5亿年前与“三叶虫”并存的古生代动物。在武当山北麓习家店等地，发掘的白垩纪第三纪动物化石有浙川中原鸟、锥齿亚洲冠齿兽、脊齿亚洲冠齿兽、费氏方齿兽、小龙、戈壁恐角兽、恐龙蛋等，为中生代化石。1984年，在武当山北大柏河挖掘出土一根象牙化石，重达二百多公斤，中心长3.24米，为一百万年前的遗物，是至今世界上发现最大的象牙化石。在武当北麓石鼓等地发现第四纪约60万年前的鬣狗、犀牛、水牛、鹿等牙齿化石，还有猿人打磨石器时遗留的石片。除此之外，在武当山西北隅郧县发现约100万年−60万年前的猿人牙化石三颗，又在该县弥陀寺发掘出土距今240万年的南方古猿头骨化石，在我国和亚洲都是首次发现，为更新纪中期人类头骨化石，定名为“郧县人”。这一发现填补了古人类研究中的重要缺环，证明武当山地区是人类发祥地之一。另外，还在山麓发现仰韶文化、马家窖文化、龙山文化遗址。

武当山最有特色的文物是道教文物。历代统治者及四方信士为崇奉真武神，特别是鼎盛时期的明代，曾制造数以万计的金、银、铜、铁、锡、瓷、石、木、泥等质地的象器或法器，安奉到武当山，把武当的各宫观陈列得富丽堂皇，被誉为“黄金白玉世界”。但由于历史上战乱及天灾人祸等多种因素，大量珍贵文物流失或毁坏。现存已注册的珍贵文物7400多件，分别列为国家一、二、三级文物。金殿内的真武、金童、玉女像为铜铸镏金，形象生动，逼真传神，均为国

家一级文物。现存12座明朝御制的赑屃驮御石碑，玉虚宫4座、紫霄宫2座、南岩宫2座、五龙宫2座、净乐宫2座。其中，最高者9.03米，重达一百多吨，造型之美，形体之大，为我国罕见。明代御制瓷制武当山玄天上帝圣牌，高1.01米，宽0.5米，造型别致，由座、盖、边榜、牌心等7块构件组合而成，在须弥座上，瓷塑流云仙鹤；两块边榜为二龙戏珠祥云图案；顶为如意形，作云涌祥云；牌心书“武当山玄天上帝圣牌”。既不同于皇室大庙里的灵牌，也不同于民间的祖宗牌，是道教灵牌中仅存的一例，具有十分重要的文物价值，被列入国家一级文物。1982年出土的明建文元年（1399年）由湘王令工制造的一条赤金龙，现存彩玉龟蛇钮玉玺，以及紫霄宫内保存的铁制铁树开花灯等，都是国家一级文物。现存一部《高上玉皇本行集经》，是明正统五年（1440年）御制，纸为泥青笺，全书字画均为金书，虽经五百多年，仍崭新如初，被誉为镇山之宝。全山尚存的各种文物均具有很高的科研和艺术观赏价值。故武当山有“道教文物宝库”之称。

四、武当传说

（一）金殿的来历

传说，朱元璋打天下的时候，有一次和元军交锋，吃了败仗，全军溃散。他的拜把兄弟张大虎，背起朱元璋落荒逃跑。元军跟着步步紧追，越逼越近。到了小中南山，眼看就要被抓住了。忽然刮起一阵狂风，只见漫天飞沙走石，日月暗淡无光，使追兵不辨东西南北，迷了去路。朱元璋这才喘过一口气来，想吃点东西，找个地方休息休息。这时又听到人叫马嘶，分明元兵又追来了。前边有一棵大柏树，树旁有一座小茅庵，里边有个老道，披发赤足，凝神静坐，正在喃喃念经。

朱元璋已无处可躲了，便过去倒头跪下，苦苦哀求道士救命。

“贫道有心救你，就怕你以后出了头会忘记同生共死的穷弟兄。”

朱元璋赌咒说：“过河拆桥，不会善终。我决不是那种没良心的人。”

“救了你，追兵烧掉我的茅庵，怎么办呢？”

朱元璋说：“真要烧了你的茅庵，我就赔你一座金殿。”

那道士点点头，就叫他俩站到柏树下，立刻便隐住了身子。元军就在身边来来往往，可他们就是看不见朱元璋和张大虎。后来，那柏树开满了金花，又香又好看。为此，人们就把小中南山的柏树改名为“金花树”。

追兵左找右找，不见朱元璋和张大虎，估计是被老道藏起来了，就里里外外搜查，一遍遍地盘问。道士一直装痴作呆，一问三不知，元兵气急败坏，便放火烧了茅庵，随后又追向前边去了。

朱元璋和张大虎从大柏树底下出来，看茅庵已成灰烬，却一不见老道的人，二不见老道的尸。这才恍然大悟：一定是真武大帝显灵，救了他们。于是扑地跪倒，千恩万谢。

以后，朱元璋又到处招兵买马，重

整旗鼓，终于推翻了元朝，成为明朝的开国皇帝。

朱元璋当上皇帝后，便忘记了过去的难兄难弟，担心他们功高权重，会和自己争着当皇帝。成天疑神疑鬼，听到难入耳的话，看到不顺眼的人，眼一眨就关，嘴一歪就杀。就这样还不放心，又定了一条毒计：盖了一座“庆功楼”，把有功的大臣都请来喝庆功酒。酒过三巡，都有了几分醉意，昏昏沉沉，他让人放了一把大火，把功臣们全都烧死了。只是跑出了一个张大虎。

张大虎看朱元璋这样狠毒，气愤地对他说：“你这真是过河拆桥！当年对着真武大帝赌咒发誓，怎么就忘得一干二净呢？”

朱元璋又羞又恼，明白张大虎最知他的底细，生怕他到处乱说，索性也把他杀了。杀的人越多，朱元璋的疑心越重，觉着活人都不可靠了，而死人都要来报仇。终于变得精神恍恍惚惚，见到梁上的老鼠跑，他会惊叫：“刺客，刺客！”听到风吹窗纸响，他又呼喊：“敌人，敌人！”医治无效，眼看是活不久了。

有一天，朱元璋躺在病床上，昏昏沉沉见有人进来，仔细看时，竟是张大虎引着真武神。真武神怒斥道：“朱元璋，你上欺天，下瞒地，犯下大罪，天理难容啊！”伸手到了朱元璋的面前。“快还我茅庵来。”说罢化成清风而去。

朱元璋吓得魂不附体，一身冷汗。半天才醒过来，把大臣和子孙喊到床前，嘱咐道：“快赔真武神的茅庵！快为真武神造金殿！”说罢就死了。

朱元璋死后，他的儿子燕王朱棣抢了皇位，便在天柱峰上，为真武神建造了一座金殿。

（二）龙头香的由来

武当山南岩有条石头雕的龙，头顶香炉，远伸在悬崖外边，上不着天，下不着地，望一眼就使人毛骨悚然。过去道教信士们为了表达自己的诚意，曾有人上去烧香，十有八九都掉下崖去，粉身碎骨，不知死过了多少善男信女。原

来它是孽龙变的，总在作孽害人。

传说，武当山下的汉江河边上，有一座龙山，龙山出了一条孽龙，每天兴妖作怪，在汉江河里撞翻往来船只，专吃落水的船工。老百姓恨透了这条孽龙，很想治治它。

人们听说真武大帝神通广大，便商量去请祖师爷来降孽龙。可是，去的人少了，怕请不动祖师。去的人多了，又怕惊动孽龙。大家想来想去，最后想出了一个好主意：凑集香会，朝山进香。

老百姓要上武当山的事，不知怎么还是传到了孽龙的耳朵里。它变了个白胡子老头，来看动静。它见老百姓打着五彩旗，沿路烧香焚表，不像是去找真武告状的，便放下心来。再看前面举的那面黄旗，上面还绣着青龙。孽龙暗暗高兴，老百姓好尊敬自己呀！便不阻拦，喜滋滋地回汉江里去了。从那以后，人们朝山进香，就有了举龙旗、打彩旗、烧香表的规矩。

孽龙回到龙宫，摆开筵席，喝人血酿的酒，嚼人肉做的菜。正在扬扬得意，突然听到外面大喝一声："妖龙出来!"它窜出水面，见站着一位披发仗剑的道人，仔细一看，是真武祖师，晓得自己中了山民的计策，转身想跑。祖师爷把七星剑一指，用"定身法"定住了孽龙。然后把它压到龙山底下。又叫人们在龙山顶上建了一座宝塔，将山镇住。

过了一些时候，真武下山来看孽龙改邪归正没有。孽龙一把鼻涕一把泪地哭着说："从今往后，再不敢作恶了。"真武见它还老诚，就把它放了。谁知这家伙口是心非，又害起人来。

老百姓又去请祖师爷来降妖，想了另外一个办法上山。孽龙听说了，又摇身一变，变了个白发老婆婆来看动静。见那两个上山的人，每人用一根铁钎子，打左嘴角扎进去，从右嘴角穿出来，不能说话，这叫做锁口带剑。孽龙心想：这两个人就是上了武当山，也不能说话。祖师爷哪能找到我头上来？它放心大胆回龙宫摆人肉筵席去了。

孽龙的人肉筵席还没散，祖师爷就赶来了。原来那两个山民，上了武当山金顶，把铁钎子拔去，在两个嘴角上抹点香灰，

就能说话了。他们把孽龙作恶的事情告诉了真武。真武祖师又来了。孽龙知道又中了计，就自认受罚，让祖师爷再把它压在龙山底下。

祖师爷冷笑一声，说道："没这么便宜！你残害了多少良民，犯了多少大罪？如今要叫你受千人踩，万人踏！"就把它捉回武当山。路过南岩时，见这里到金顶有段路程，就叫孽龙凌空搭座长桥。

孽龙抬头一看，从南岩到金顶，足有几十里，生怕腰被香客们踩断了，刚从南岩边上向外伸出几尺远便吓得缩成一团，不敢动了。

真武哈哈一笑："平日你张牙舞爪，原来也是个胆小鬼！"就叫它爬到南岩边上，头上放一个香炉，任香客们踩着它的脊梁，上去烧香。

谁知这条孽龙，还是孽性不改，不服惩罚，谁踩到它背上，它就头一翘，尾一摇，把谁摔到南岩底下跌死。

祖师爷在金顶上瞅见孽龙又在作孽，大怒。他拔出七星剑，指着孽龙大喝一声："变！"孽龙眨眼就变成了一条石头龙，永远不会动了。这便是人们今天看到的南岩宫"龙头香"。

（三）遇真宫——张三丰传奇

遇真宫背依凤凰山，四面山水环绕，过去曾叫做黄土城。

遇真宫在最鼎盛时，殿堂道房达四百间，占地面积五万六千多平方米；其大殿是武当山保存较完好的最具明初风格的建筑。而最让人称道的是，遇真宫是皇帝专为一名武当道士修建的，这名道士叫张三丰——一个武当山最具传奇色彩的人物。

他是一名道士，当时人称"活神仙"。他是一代武学宗师，传说练就不死之身。有人说他生于元朝中期，卒于明初。有人说他活了400多岁。

这是一个不老的传说。故事的主人公叫全一，又名君宝，外号邋遢，但更多的人称他为张三丰。

他行踪莫测，但有关他的故事却从未间断。关于他的外貌，传记作者们兴

致勃勃地描述到：龟形鹤骨，大耳圆目。不论寒暑都只穿一身道袍、一件蓑衣；高兴时穿山走石，疲倦时铺云卧雪，但与之谈经论道，又无所不通，人人皆以为他是神仙中人。

扑朔迷离的各种传说中，只有《明史》严肃而肯定地记载着，张三丰曾去过一个地方——那就是湖北西北部的武当山。当时，武当山五龙宫、南岩宫和紫霄宫都因战火焚毁，张三丰带领徒弟将各宫观修葺一新后悄然离去。书中也同时指出，明太祖朱元璋久仰其大名，遣人去找，但不知所踪。

帝王们究竟有没有找到张三丰？他到底是传说中的人物，还是确有其人？捕风捉影七百年，似乎关于这位神仙的秘密都深藏在武当群山之中。而对他的苦苦寻觅，也就一次次将这座充满仙人之气的神山推到了人们的视线内。

如今的张三丰被供奉在紫霄宫朝拜殿内，经过无数追随者的粉饰雕刻，他从人成为了神。人们津津乐道于这位武学宗师的武功究竟是怎么练成的。而众多的版本中，流传最为广泛的，就来源于神龛旁的这幅壁画，它讲述了一个蛇雀相斗的故事。

每天，武当山逍遥谷内都有道人修习武功。在道教信徒的眼里，这座大山蕴涵着无穷生机，故修真学道之人于此山修炼，能将太和之精气通贯天人。这样一个具有生气的环境，武当内家功夫的养生特性也就随自然而生长。

从自然中来，与自然融为一体。因此，武当功夫中，以动物命名的拳派和招式也最多。譬如形意拳中鹰拳、蛇拳、猴拳、虎拳、熊拳，再如太极拳中以野马、黑虎、白猿、大鹏、白蛇等命名的招式，这大概也算是中国最早的“仿生学”了。

在金庸先生的《倚天屠龙记》中，张三丰先后收了七位弟子，号称“武当七侠”。他们都身怀绝技，得其太极拳与武当剑法之真传。文学作品多有虚构，不足为证。但事实与小说却有某些巧合，历史上，张松溪、张翠山两人曾投奔张三丰门下，而得其真传者仅张松溪一人。

关于这位武侠大师在武当山的生活，方志中记载，张三丰曾隐居修行于展旗峰下的太子洞。而他到底收过哪些弟子，民间传说最广泛的，首推曾资助朱

元璋修南京城的大富豪沈万三。

实际上，张三丰故事的流传以及后来帝王们热烈的追捧，都源于他弟子的传播。只是这个人，并不是传说中的武当七侠，也不是沈万三。而是武当山五龙宫的一个叫邱玄清的道长。

五龙宫是武当山的龙脉所在，自唐太宗李世民建祠以来，历朝历代的皇帝对它不断扩建重修。明朝初年邱玄清来到五龙宫时，元末明初的战火让这座曾经辉煌的宫殿变得残破不堪。在当住持的十多年间，邱玄清重新修复了五龙宫，赢得了官府和老百姓对五龙宫的重视。管辖武当山的官吏很赏识他，推荐他到朝廷担任监察御司。果然，不久后邱玄清被朱元璋所看重，升为太常寺卿。

本来就信奉道教的朱元璋开始关注起张三丰。二十多年来，大明王朝在他的统治下一片祥瑞，百姓安居。然而，辛苦打造的这艘超级巨舰究竟能行驶多远，怎样才能惠及子孙万代，又有谁能助自己一臂之力呢？

帝王们又一次将目光投向了武当山。然而，不知是巧合还是张三丰的先知先觉。他似乎预料到朱元璋会苦苦寻找自己。洪武二十三年，张三丰离开了武当。史书记载，第二年，朱元璋派人前往武当，无功而返。

一次次没有结果的追寻并没有削减皇室子孙对张三丰的热情追捧。洪武末年，朱元璋的第十八个儿子朱柏来到了武当山。他此行最主要的目的就是寻访仙人。然而，一番辛苦后却被告之张三丰已经离去。遗憾之下，他留下了一首《赞张真仙诗》。

悬疑往往更容易催生传说，张三丰俨然已经成为武当山的一部分，如今的人们，笃信这位内外兼修的张真人一定与武当有不解之缘。

史料记载中，六百多年前，张三丰也是在这里开设会馆，教授徒弟。这是他千辛万苦寻来的一块宝地。当年，他神游八百里武当，沿展旗峰、梅子垭、仓房岭的山势而下时，他看见华麓山山势层叠起伏如宝椅状，九渡涧环绕其间。武当山脉至此，千峦收敛。正是修宫建观的风水宝地，或许，武当的兴盛将从这里开始。面对苍茫群山，他无比感慨地说了这一句日后被载入史册的话："此山异日必大兴。"正是这句话，触动了一个帝王的心思。

此时的明成祖朱棣刚刚即位不久。虽然顺利从侄儿手中夺得了皇位，但篡位者的称呼总让他隐隐有些不安。他迫切地希望有人能帮助自己稳定民心，张三丰无疑是最合适的人选。更何况，这也是父皇未了的心愿。

永乐三年（1405 年），一道圣旨从北京发出，这是朱棣第一次遣人遍访张三丰于天下名山。此后的十多年间，朱棣六次遣人四处寻访张真仙。

永乐十五年（1417 年），武当山黄土城有了一座名为遇真宫的道观。它是明永乐皇帝朱棣特意为张三丰修建的道场。在无数次追寻以失望告终后，朱棣听说张三丰曾经在此建造会仙馆结庵授徒。为表虔诚之心，皇帝在原址兴建了这座道场，他希望张三丰云游四海后能到这里传道授业。

对于武当来说，一个道人能受到的最高礼仪莫过于此了。在供奉玄帝的大山为一名道人修建宫观，这是道教名山中极为罕见的孤例。

坐北朝南的遇真宫，地势平缓。它背依凤凰山，面对九龙山，左有望仙台，右为黑虎洞，水磨河从宫前流过。这本是道家梦寐以求的宝地，辉煌时宫里共有二百余间殿宇道房。然而，1935 年一场百年不遇的山洪，使百余间华屋被淤土埋没，变成一片平地，只留下山门内一座四合院式的古建筑，专为接待各方挂单道士和客人，道人称它为前宫。广场东西对称而立的石门分别为东华门、西华门，是东西两宫的大门。至今，崇台遗址仍埋在一米多深的地下，唯有赭红色的宫墙依旧矗立。龙虎殿内空落落的真仙殿等了六百多年，始终没有等到仙人的造访。

武当山博物馆内珍藏着一块《贻赐仙像》碑，它是成化十三年（1477 年）由河南南阳府邓州信士铸造。这块碑上，详细记录了明英宗封赠张三丰为“通微显化真人”的原委，这是对武当道人的最高封号。史料记载，自明太祖朱元璋开始，二百多年的明王朝皇室从未放弃寻访张三丰，但始终未见真人。

踏雪而来，无数的追随者寻求一种永恒的逍遥。仙人的身影已经远去，但寻访的脚步仍在继续……

（四）峭壁上的故宫探秘

武当山最让人感到惊讶，也是最让人迷恋的，就是那些依山而建的亭台宫殿。据说武当山的建筑群是中国规模最大的道教宫观建筑群。武当山修建道观的历史非常久远。在魏晋南北朝时期就有了道士们修炼的岩庙。到了唐朝又有了朝廷赐建的寺庙。宋元时期，武当山供奉真武大帝的庙观就越来越多。明朝永乐皇帝在北修故宫的同时，南修武当。为了表示神权与皇权的威严，道士们修炼也追求一个清静高远的地方，所以修建的许多庙观都在悬崖峭壁之上。

有人说武当山是“峭壁上的故宫”，这个说法是从这儿来的。

武当山，又叫“太和山”。由于地壳造山运动的结果，武当山几乎所有山峰都朝着主峰金顶，所以当地有个说法叫：“七十二峰朝大鼎，二十四涧水常流。”

自中国东汉道教诞生以来，历代帝王曾数次在武当举行封山仪式，特别是在明代，武当山曾被皇帝敕封为“大岳”、“玄岳”，地位在“五岳”诸山之上。

据说从某个角度看，武当山主峰的山形恰似一个昂头前行的神龟，而那些依山建造的宫殿楼宇，又恰似一条游动的金蛇，两者相得益彰，形成了龟蛇合体的图腾象征，据说这就是玄武的化身，也是道教追求的天人合一的表象。由于武当山是道教名山，又是皇家道场，所以在武当山有着信仰的神秘与建筑的奥妙。以致有很多海外的客人，并不知道武当山的真实存在。

武当山上最早的建筑应是修建于唐朝的“五龙宫”。到了元朝末年，由于战乱四起，武当山上的建筑大部分毁于兵乱。

为什么古人选在这里修建如此浩大的宫殿群，这似乎成了武当山最大的谜团。

明永乐十一年（1413年），明成祖朱棣在“靖难”之役后，成功登上了皇帝的宝座，他认为是真武大帝保佑了他，于是，在修故宫的同时，还开始史无前例地大修武当，派工部侍郎郭瑾等，役使三十多万军民工匠，在武当山大兴

土木，用了十多年时间，建成了九宫八观，七十二岩庙等三 33 处大型建筑群。此外，还铺砌了全山的石道。整个武当山成为一座“真武道场”。

与北京故宫不同的是，武当山的建筑在设计上充分利用了峰峦的高大雄伟和崖洞的奇峭幽邃，布局巧妙，将每个宫观都建造在峰峦岩洞间的合适位置，看上去宛如仙境，有一种神秘莫测的感觉。

无论是山上还是山下，宫观与宫观之间各具特点又互相联系，整个建筑群体疏密相宜，与周围林木、岩石、溪流和谐一体，相互辉映，宛如一幅天然图画。集中体现了我国古代建筑艺术的优秀传统。

在武当山的三十六岩中，最美的应该是南岩，南岩宫就在武当山独阳岩下，大约修建于 1285 年，它依山而建，雄踞在悬崖峭壁之上。现保留有南天门、天乙真庆万寿宫石殿、两仪殿、龙虎殿等建筑共 21 栋。特别是始建于元朝的天乙真庆万寿宫石殿，依然保留得非常完好，无论是天乙真人像，还是五百灵官，看上去都完美如初，栩栩如生。

在南岩宫的峭岩之上，有一个神秘的建筑，是一个伸出悬崖近 3 米的龙头石梁，它就是著名的“龙头香”。

当地有这样一种说法“北有故宫，南有武当”。那么故宫与武当究竟有什么关系，又有什么不同呢？

故宫和武当山当然有很大的不同。虽然它们都是同一个时代的建筑物。首先从它们施工的角度来讲，故宫是在平原地代修建的，没有武当山那种复杂的地形。武当山工段施工的难度要更大一些。第二个方面，从建筑的风格来讲，故宫中轴线非常分明，它严谨、规整，是在平地上铺开的建筑。武当山的建筑是修建在悬崖峭壁之上，它要依山就势，顺其自然。体现道教天人合一的思想。第三个方面，从它们的用途来讲，故宫是皇帝处理国家大事的地方，在这些方面发挥作用。武当山是朝廷祭祀真武大帝的地方。很多朝廷的官员和民间信士，到武当山来祈祷真武大帝保佑风调雨顺，国泰民安。

武当山的由来是不是和真武

大帝有关，在道教经典里说，武当山这个名字是带有“非真武不足以当之”的意思。武当山整个建筑群，都供奉有真武大帝，体现了皇权与神权的接合，武当山的建筑群既体现了皇权要求的威武庄严，也体现了道教要求的神奇玄妙。

道教是发源于中国古代文化的本土宗教，从唐代修建了五龙祠以来，到了宋代直接为皇室服务的武当道教基本形成。明朝一直扶持武当道教，加封武当，扩建宫观，使它成为至高无上的皇室家庙、全国道教活动中心。

这里，不难看出隐藏在这些峭壁上的另一个秘密，那就是明成祖大修武当的真实目的，不只是为了酬谢神灵，更是为了巩固统治。然而武当山的道教却没有因皇家的加盟，而改变了它的初衷。

复真观又叫太子坡，它位于武当山狮子峰前，大约修建于公1412年。它的修建本身就隐藏着说不清的秘密。因为它是依照真武大帝在此修道成仙的过程复制的。

从侧开的宫观大门望去，山势夹墙复道，不能让人一眼看透其中的隐秘。“九曲黄河墙”指的就是这段崎岖的琉璃瓦山墙，别看它蜿蜒在山坡之上，却也是天下绝佳的建筑杰作。这段宫墙不算长，却有着“一里四道门”的说法。

每当宫观的钟声响起，声音就会通过这弯弯曲曲的宫墙，传得很远。人们说：它与北京天坛的回音壁有异曲同工之妙。

从远处看去，整个道院的建筑，都体现出依山造势、重叠错落的建筑风格。其中最让人吃惊的秘密就是“一柱十二梁”。“一柱十二梁”，也被人们誉为“金柱”，它采用了12根梁枋交叉叠搁，穿针式裂架和硬山式墙体，并通过变换屋面高低错落等方式，尽量使建筑臻于完善，从而达到了建筑技巧与功能技术的和谐与统一。

说武当山山势奇特，既有泰山之雄，又有华山之险，要说武当山最辉煌的建筑应该是“金殿”，就在主峰天柱峰的金顶上。金殿是一座铜铸镏金的建筑，是一件绝世的工艺珍品。当时人们在想，金殿在古代没有装避雷设施，在雷雨

天，它怎么来避雷，实际上金殿本身就是一个导体。每当夏天雷雨时候，雷电和球状闪电在金殿的屋面上翻滚，雷电过后，我们看金殿，它灿然如新、金光夺目，所以当地人称之为“雷火炼殿”。据说金殿内还悬挂着一颗“避风仙珠”。中国传统小说《西游记》里面说道，孙悟空曾到武当山借这个“避风仙珠”，来制伏妖怪。至于说避风仙珠，这个还是后人给它附会的传说。金殿之所以里面灯火常明不熄，最重要的原因，就是它整个的铸造工艺非常精密，而外面又镏上黄金，这样，通体就可以防风。

当太阳把它的第一缕光芒洒在武当的山水之间时，这些位于武当山最高峰金顶上的建筑，首先沐浴在金色的光芒中。

这座金碧辉煌的镏金铜殿，是目前中国最大的铜铸镏金大殿，它始建于明永乐十四年（1416年）。

关于金殿的运输和安装，也许是武当山的一个千古之谜。

从建筑特点上看，“金殿”确实采用了木建结构的方式，结构严谨，合缝精密，据说只是金属铸件就有三千多个，有人估计，整个金殿重达一百多吨。它虽经五百多年的严寒酷暑，至今仍辉煌如初。“金殿”代表了中国明代初年（15世纪）的科学技术和铸造工业的重大成就。

殿内塑有真武大帝的铜像，还有金童玉女侍奉左右，水火二将拱卫两厢，这些铜像如真人大小，面容庄严。在神坛的上方，有一块高悬的镏金匾额，上面铸有清代圣祖康熙大帝的手迹“金光妙相”四个字。

整个金顶的太和宫是由紫金城、古铜殿、金殿等建筑组成。包括有古建筑20余栋，建筑面积1600多平方米。其中“紫金城”与北京故宫的“紫禁城”，仅一字之差。

从空中看去，金殿在武当山群峰之巅，恰似“天上瑶台金阙”，远离人间。这些峭壁上的宫殿代表了近千年的中国艺术和建筑的最高水平。

在武当山的脚下有一个叫老营的地方，这个地方商旅贸易十分繁忙，是一个很繁华的地方，在元明时期，凡是军队驻扎的地方都叫老营。它就是指军队的大本营。可以想象，30

万军民夫将，驻扎在武当山下，他们的生活用品，他们各种各样的需求，包括各种建筑材料的运送，都要通过这个地方周转，其繁华可想而知。

说到武当山，还有这样一种说法：一道道封建帝王的圣旨，让这个修建在悬崖峭壁上的武当山，上下弥漫着一种皇家氛围。但是，这些帝王将相们的足迹从来没有迈进过武当山山门。

武当山究竟有多少块石碑，谁也数不清。武当山是根据真武大帝修仙神话，并且按照“君权神授”的意图营建的，它体现皇权和道教所需要的“庄严、威武、玄妙、神奇”的氛围。

往事如烟，当年修建武当山的30万众，已悄然逝去。而留在武当山下的水井，似乎还在诉说着当年武当山修建时的浩大工程。

紫霄宫是武当山最像北京故宫的建筑群，也是武当山现存古建筑群中规模最宏大、保存最完整的道教建筑之一。这里与北京故宫不同的是，故宫的建筑所用的是红墙黄瓦，而武当山用的是红墙绿瓦。在中国古代只有皇帝才能使用黄瓦。

紫霄殿是武当山最具有代表性的木构建筑，其建筑式样和装饰具有明显的明代特色，殿内有金柱36根，供奉玉皇大帝塑像。

武当山各宫观中神像、供器、法器及宝幡、神帐等设施多为皇室钦降，富丽无比。当时盛传武当山道场是“富甲天下”的“黄金白银”世界。

这些建筑在艺术上、美学上都达到了极为完美的境界，有着丰富的中国古代文化和科技内涵，是研究明初政治和中国宗教历史以及古建筑的实物见证。

称武当山的建筑是“峭壁上的故宫”，不仅是因为武当山的宫殿建筑大多修建于悬崖峭壁之上，更主要的原因是其宫殿建筑所营造出的“五里一庵十里宫，丹墙翠瓦望玲珑”的艺术效果。

五、武当山古建筑群特征及其价值

武当山古建筑群历经沧桑，现存四座道教宫殿、两座宫殿遗址、两座道观及大量神祠、岩庙。在布局、规制、风格、材料和工艺等方面都维持了原状。建筑主体以宫观为核心，主要宫观建筑在内聚型盆地或山助台地之上，庵堂神祠分布于宫观附近地带，自成体系。

武当山古建筑群的主要特征可以总结为：

第一，规划严密，建筑杰出。武当山古建筑群分布在以天柱峰为中心的群山之中，总体规划严密，主次分明，大小有序，布局合理。建筑位置选择，注重环境，讲究山形水脉分布疏密有致。建筑设计的规划或宏伟壮观，或小巧精致，或深藏山坳，或濒临险崖，达到了建筑与自然的高度和谐，具有浓郁的建筑韵律和天才的创造力。武当山古建筑群类型多样，用材广泛，各项设计、构造、装饰、陈设，不论木构宫观、铜铸殿堂、石作岩庙，以及铜铸、木雕、石雕、泥塑等各类神像都展现了高超的技术与艺术成就。

第二，道教建筑之瑰宝。武当山道教建筑群始终由皇帝亲自策划营建，皇室派专员管理。现存建筑其规模之大，规划之高，构造之严谨，装饰之精美，神像、供器之多，在中国现存道教建筑中是绝无仅有的。

第三，代表了我国古代科技的伟大成就。武当山金殿及殿内神像、供桌等全为铜铸馏金，铸件体量巨大，采用失蜡法（蜡模）翻铸，代表了中国明代初年（15世纪）科学技术和铸造工业的重大发展。

第四，具有重大的历史意义。武当山建筑群的兴建，是由于明代皇帝朱棣在扩展外交的同时，对内大力推崇道教，灌输“皇权神授”思想，以巩固其内部统治，具有重大的历史和思想信仰等意义。

世界遗产委员会评价说：武当山古建筑中的宫阙庙宇集中体现了中国元、明、清三代世俗和宗教建筑的艺术成就。古建筑群坐落在沟壑纵横、风景如画的湖北省武当山麓，在明代期间逐渐形成规模，其中的道教建筑可以追溯到7世纪，这些建筑代表了近千年的中国艺术和建筑的最高水平。

关帝庙

关羽，字云长，为东汉末年刘备麾下著名将领，传说曾与刘备，张飞桃园结义。曾任蜀汉前将军，爵至汉寿亭侯，死后谥“壮缪侯”，极受民间推崇，被尊称为“关公”。后经历代朝廷褒封，被人奉为“关圣帝君”，与“文圣”孔子齐名。在中国古代后期，社会各界已普遍形成了祭拜关公的各种风俗习惯，正所谓“县县有文庙，村村有武庙”。形成了中国文化史上一独特的文化景观。

一、关帝庙概说

（一）关公的生平及事迹

关羽的生辰正史不见记载。直到清初康熙年间，山西解州守王朱旦在浚修古井的时候，偶然发掘出关羽的墓砖，墓砖上面刻有关羽祖、父两世的生卒年月、家庭状况等资料：关羽祖父叫关审，字问之。汉和帝永元二年庚寅生，居住在解州（今山西解州镇）常平村宝池里。关羽的父亲关毅，字道远。关毅十分孝顺，父亲过世后，“在墓上结庐守丧三年”。关羽出生在东汉桓帝延熹三年（160 年）庚子六月二十四日，青少年时期在家练武习文兼做农事，成年后娶胡氏为妻，并于灵帝光和元年戊午（178 年）五月十三日生子关兴。关家原本是文人世家，关羽祖父关审“常以《易》《春秋》训其子”，这也是关羽喜爱《春秋》的原因之一。

清康熙十九年（1680 年），《前将军关壮缪侯祖墓碑铭》立于运城市常平村关帝家庙内，碑铭记其生于“桓帝延熹三年（160 年）六月二十四日”。另有明崇祯二年（1629 年）立于石磐沟关羽祖茔的《祀田碑记》和清乾隆二十一年（1756 年）编修的《关帝志》，均言关羽生于桓帝延熹三年六月二十二日。此外，民间对关羽生辰还流传有好几种说法。比较、考证几种资料，不难总结出较为可信且成公论的看法是：关羽生于东汉延熹三年六月二十二日。关羽的出生地河东郡解县常平里，即今山西省运城市常平乡常平村。

据陈寿《三国志·关羽传》记载，“关羽……亡命奔涿郡”。有人认为关羽“亡命”的原因是在其 23 岁的时候，即光和六年（183 年），因斩杀恶豪吕熊而逃离家乡。五年后至涿（今河北省涿州市），结识了刘备、张飞，三人结为异姓兄弟，从此“寝则同床，恩若兄弟”。那时的黄巾农民起义风暴正席卷东汉王

朝，统治者调集各地军队，对起义军进行镇压。东汉灵帝末年，刘备在涿县招募乡勇，组织武装，关羽追随刘备先后参加了幽州太守刘焉、中郎将卢植、校尉邹靖和校尉都亭侯公孙瓒的军队，同黄巾起义军一同作战。献帝初平元年（190 年），刘备依附公孙瓒，被任为平原县（今山东省平原县）令，初平二年（191 年）至初平四年（193 年），在公孙瓒与袁绍的战争中，刘备屡立战功，领平原相，并以关羽、张飞并为别部司马，统领郡属军队。

汉兴平元年（194 年），曹操与陶谦争夺徐州，刘备率关羽援救陶谦，被派为豫州刺史。汉建安元年（196 年），袁术攻刘备，刘备与关羽拒之于淮阴（今江苏省盱眙县、淮阴市），吕布趁机攻取下邳，刘备求和，派关羽镇守下邳。建安三年（198 年）十一月，刘备、曹操联合生擒吕布，关羽参加了这场战役。建安四年（199 年），刘备差关羽斩杀曹操的徐州刺史车胄，占领徐州，“留羽镇守下邳（今江苏省邳县东），行太守事”。

建安五年（200 年），曹操东征刘备，刘备败逃依附袁绍，关羽及刘备妻室于下邳被曹军俘获，关羽降曹，诏为偏将军，曹操待以厚礼。同年四月，曹操与袁绍战于白马（今河南省滑县东），关羽“刺良于万众之中”。在千军万马之中斩杀袁绍大将颜良，初步显露了关羽超人的胆量和过人的武艺，于是被封为汉寿亭侯。七月，关羽得到消息，获知刘备在袁绍营中，于是尽封其所赐，拜书告辞，离开曹操回到刘备身边，随后与刘备奔往汝南（今河南省汝南县东南）联络刘辟击曹操。袁绍官渡兵败。建安六年（201 年）九月，曹操南征刘备，刘备与关羽等归附荆州刘表，驻军于新野（今河南省新野县南）达 7 年之久。赤壁之战前后这一时期的刘备，在诸葛亮等谋臣和张飞、关羽等武将的协助下，不仅在新野之战以少胜多，而且与东吴联盟，成功阻击了曹操南下，形成了三国鼎立的局面。

建安十二年（207 年），刘、关、张三顾诸葛亮于隆中草庐，始请得孔明（诸葛亮字）出山相助；建安十三年（208 年）七月，曹操南击刘表。八月，刘表病卒，次子刘琮降曹，刘备自樊城奔往江陵（今湖北省江陵县），“别遣羽乘船

数百艘会于江陵”。关羽率水军至江夏刘琦（刘表长子）处求援，后与刘备会合于沔江，共同奔夏口（今湖北省武汉市）。同年十一月，经诸葛亮、鲁肃等人多方协商，孙权、刘备联合在赤壁（今湖北省蒲圻县境内）大败曹军，关羽参加了这次战役。刘备在追击曹军中得到了荆州江南四郡。

建安十四年（209 年）十二月，东吴军事统帅周瑜病死，刘备从孙权手中“借”得荆州江北诸郡，任关羽为襄阳太守、荡寇将军，带兵屯驻江陵。至此，关羽的军事才能和大将地位都已得到确立。

建安十六年（211 年），刘备应刘璋之请率军西征入川，留诸葛亮、关羽镇守荆州。次年，曹操率大军击吴，关羽执行诸葛亮联吴抗曹的战略方针，与曹将乐进、于禁战于青泥（今湖北省安陆县东），击退了曹兵的进攻。建安十九年（214 年），刘备进攻雒城（今四川省广汉县）失利，急调诸葛亮、张飞、赵云等入川支援，留关羽独守荆州。是年六月，刘备攻克成都，自领益州牧，正式任命关羽都督荆州事务。建安二十年（215 年），孙权向刘备索要荆州，刘备借故推托，孙权派往长沙、零陵、桂阳三郡的官吏尽被关羽逐回，终使吴蜀矛盾加剧。孙权遣吕蒙袭取长沙、桂阳，刘备亲率 5 万大军顺江而下与之争锋，关羽亦带 3 万精锐之师进至益阳（今湖南省益阳市西）与鲁肃对峙，双方剑拔弩张，大战一触即发。同年二月，曹操攻汉中，刘备怕益州有失，即遣使与孙权讲和，双方商定以湘水为界，以东的长沙、江夏、桂阳三郡属孙权；以西的南郡、零陵、武陵三郡属刘备。

建安二十四年（219 年），刘备击败曹操占领汉中，自称“汉中王”，拜关羽为前将军、假节钺，列“五虎上将”之首。八月，关羽乘孙权与曹操交兵之机，率其主力北上攻打樊城、襄阳，放水淹杀曹军，斩杀曹将庞德，收降于禁，威镇华夏。就在关羽志得意满之时，同年十月，孙权遣吕蒙抄其后路，袭取荆州。关羽腹背受敌，军心涣散，处境危艰。十一月，关羽从樊城撤军，企图夺回荆州，途中连遭吴军截击，部卒四散，战斗力大减。关羽见夺回荆州无望，且战且退，先抵麦城（今湖北省当阳县东南），欲逃往西川与刘备会合。十二月，关羽从麦城败退临沮章乡（今湖北省安远县北），被孙权伏兵所擒，与子平

同时遇害，时年 59 岁。

（二）中国古代社会对关公的崇拜

关羽的形象从古到今经历了巨大的变化，他能由一个蜀汉武将变成大小祠堂中的神圣偶像，在很大程度上是由于中国古代社会中几个朝代对他的不断美化直至神化。从宋元到明清，从帝王将相到平民百姓，关羽的形象已经渗入到社会各个阶层中，人们通过各种形式不自觉地将关公逐渐神圣化了。在这个过程中关羽逐渐脱离了历史上的真实形象，被人为附加了诸多美好的人格特征，把关羽塑造成了无人可及而又无法再神化的，集美德与武功于一身的圣人、心存正义的壮士。就这样，关羽从三国时期的一员武将，被逐渐地塑造成了超凡脱俗，并充满悲壮色彩的人间英雄和万民礼拜的神圣偶像。

从三国时代关羽“刺良于万众之中”的那一天开始，关公的故事就在民间流传开来，但是直到魏晋南北朝时期，都还是散见于诸多的文字史料中，而且关羽和张飞是连在一起为人们所称颂的，对于战将的勇猛也是以“关、张”并称相比附的，孰先孰后并不重要。翻阅史籍我们可以发现，那时对关公的记述基本上都是忠于历史原貌的。西晋陈寿所撰《三国志》等史书中，将关羽写成英雄和义士，但还不是圣人和神人。关公的“壮缪侯”封号是在他去世 51 年之后，由蜀汉后主所追赐，这在当时并不是一个地位显赫的封号。

隋唐以后至宋元两代，因宗教和封建统治两方面因素，关羽形象迎来了转折期。隋唐之际，印度佛教思想传入中国，中国佛教随之兴起。天台宗作为中国佛教诸多派系之一，率先将关羽奉为佛教神明，并封为“伽蓝神”守护佛法。从统治阶层的方面看，唐朝统治者在倡导文治武功的同时，并不将蜀汉将领关羽作为褒奖的对象。虽然三国的故事在唐代已经广泛流传，但关羽在民间的形象还未深入人心。提及唐代三国故事的影响，李商隐有诗曰：“或谑张飞胡，或笑

邓艾吃”，诗中并未提及关羽，可见当时流传的三国故事中关羽并非主角。唐人郎君胄咏关公诗，也只是赞其人“义勇冠今昔”“一剑万人敌”，或叹其魂“流落荆巫间，徘徊故乡容”（诗意是赞颂了关羽生前的英勇无敌，并同情他魂滞他乡、欲归不能的处境），可见关公在此诗中远不是以至圣、至高之神的形象出现的。

前有佛教“伽蓝”美誉，中国本土道教自然也不甘示弱。宋时，崇尚道教的宋真宗甚至编出“请关公到解州盐池，大战蚩尤，除妖祛灾”的神话，为神化关羽形象添砖加瓦，使关羽在道教中的地位也日渐显赫。同样崇尚道教的宋徽宗更是推波助澜，在短短的 21 年中，连续四次对关公“加封”，由“忠惠公”“崇宁真君”封为“武安王”“义勇武安王”。关公从“侯”及“公”，再由“公”及“王”，一路扶摇直上。此外，伴随民间文学的发展，三国历史故事在市民阶层中广为流传，宋代“说话”艺术和“弄影戏”的盛行使得关羽的形象愈加深入民间。另据宋张耒《明道杂志》记载，当时人们观看“斩关羽”一幕时，多“辄为之泣下”。宋元两代是关羽被神化之伊始，标志着关羽形象的定型。经由帝王的不断扶持和提倡，关帝庙在各地开始兴起。

到了元代，人们对关公的圣化和神化，较两宋更为深入和广泛。元朝最高统治者为了笼络中原民众，对关公大加追封。元代时“杂剧”和“平话”取代了宋代的说话艺术，涉及三国故事的元杂剧将关公的忠、信、义、勇四种品格被描写得更加具体丰富、生动形象，看后不禁使人慨然泪下。元代以三国为题材的杂剧共有 40 余出，其中表现关公的剧目便有 12 出之多；元代的《三国志平话》共有插图 70 幅，其中有关关公的图画竟多达 20 幅，此时关公的形象就已高高耸立在民众心中了。元代关羽的祠祀更为广泛，以至于“郡国州县、乡邑闾井，尽皆有庙”。同样是从元代开始，就有官方和民间定期举办一些关于关羽崇拜的民俗活动的记载。据《析津志辑佚·祠庙·仪祭》载：“……武安王庙，南北二城约有廿余处，有碑者四……自我元奉世祖皇帝诏，每月支与马匹草料，月计若干，至今有怯薛宠敬之甚。国朝常到二月望，作游皇城建佛会，须令王

监坛。”这段话记录了析津的关庙情况，而且记载了游皇城的宗教活动，其中关羽是监坛之神。

关公的形象在明清两代被圣化和神化到了极致。明代初期小说家罗贯中在他的名著《三国演义》里，不仅吸收和采用了被宋元时代民众所圣化和神化了的关公的大量故事，而且还根据自已的政治理想、道德观念以及明代盛行的社会思潮，进行了大量的艺术想象和艺术虚构，终于把关公塑造成了“忠”“义”“信”“勇”于一身的圣人和神人。至此，关公“至忠”“至义”“至信”“至勇”的形象，随着小说《三国演义》的广泛传播而家喻户晓，妇孺皆知，使得人们对关公的崇拜愈演愈烈。清人毛宗岗曾说，在罗贯中笔下，关公成了“古今名将第一奇人”。鲁迅也说，在《三国演义》中，“惟于关羽，特多好语，义勇之概，时时如见矣”。明清两代的皇帝，对关公的加封，更是比前代有增无减。明神宗在万历十年，曾将关公褒封为“协天大帝”。关公被历代封建王朝所加封的世俗官位，在这一年达到了无以复加的地步。在中国两千余年的漫长古代社会中，被封为“大帝”者，大约仅有关公一人。清末的光绪帝加封给关公的封号，更是长达 24 字——“仁勇威显护国保民精诚绥靖翊赞宣德忠义神武关圣大帝”，我们可以看到，中国古代所能找到的，最华丽的可以用于封号的字词，全部都被堆砌到了关公身上。对关羽的大加封谥，终于使得关羽在国家宗教祀典中攀升到几乎与“文圣”孔子相等的地位，也以官方的姿态促进了关羽信仰向社会底层的渗透。清朝统治者入主中原前就对《三国志演义》颇为倾心，清太祖努尔哈赤和清太宗皇太极都非常喜欢这部小说，还将它作为了解汉文化的桥梁。清统治者取得政权后依然十分宠爱关羽，在国家宗教祀典中，关羽与释迦牟尼、观世音菩萨相提并论，成为清朝“立杆大祭”中的重要祭祀神祇。为了笼络人心，巩固统治，传说清初统治者曾以《三国志演义》中“桃园结义”的故事与蒙古约为兄弟，“其后入帝中夏，恐蒙古之携贰也”，于是累封关羽，“以示尊崇蒙古之意”。所谓“天不变，道亦不变”，中国古代社会的等级制度和伦理道德，与世常存，万古不变，这恐怕是中国古代正统儒家血统捍卫者们的最高认识和最大理想。

在宋元以后的古代社会中，由于关公文化的广泛流行，强烈撼动了民众

对孔子、董仲舒所提出的以维护社会等级制度为目标的思想道德体系，以及宋明理学、道学中禁欲主义的道德观念。这种冲击犹如惊涛拍岸，在宋元以前建立的旧儒学和宋明以来建立的新儒学道德大堤上，冲开了不少决口。路见不平拔刀相助，世有压迫揭竿而起，不必沉溺于“君君、臣臣、父父、子子”的旧观念体系不能自拔；人与人之间，只要理想相同，义气相投，相互忠诚，忠于道义，即可兄弟相称，共举事业，而不必恪守原来官尊民卑的森严等级限制，这就如绝大部分聚义梁山的好汉那样；人与人交往中，也不必再“君子不言利”，求利、求欲的欲望也不可一味否定，只要不以利、以欲害“义”即可，这就犹如明清晋商所津津乐道的既“以义制利”而又“从义生利”一样。在上述意义上，可以说体现在宋元以来关公文化中的道德观念和道德精神，是中国古代道德文化中的一个发展。

由于社会各界对关公的无上崇拜，导致在明清的中国社会各个领域中，都出现了祭祀和仿效关公的活动。不但是宗教仪式、官府祭奠、社会教育、戏曲演唱、集会结社、文学创作，甚至是商业交往、人际交往、风俗民情等诸多领域，都渗入了对关公的崇拜和仿效。在中国古代社会，祭祀和崇拜关公，成了一种极为广泛的社会文化现象。

关公作为道德楷模和道德偶像的地位被不断提升，关公崇拜作为一种道德文化现象被广泛普及，对于中国封建社会后期凝聚力的形成，以及道德意识、道德行为的规范与提升，曾经产生过一定的积极作用。当宋代面临北方少数民族入侵的危难时刻，就多次用关公的“忠”与“勇”来教化臣民。像岳飞那样的忠勇之士，在宋元明清四代社会中，并非少数。而当北方少数民族统治阶级入主中原，取得全国政权后，又都对关公的“忠”“义”思想和行为予以褒扬，这在一定程度上促进了中华各民族在思想、文化上的认同和凝聚。对宋明以来新兴的工商阶层而言，他们则从关公身上汲取了“信”和“义”的道德原则，提出了“以信为本”和“以义制义”的带有浓重中国传统道德色彩的经营原则，遏制了利欲对道德的吞噬。对于宋元明清时代的文人、士大夫来说，则从关公

身上发现了足以使他们效仿的人格和品德，即所谓“无不弃旧从新，乐为之死”“金银美女，不足以移之”，高官厚禄“不足以动之”等等。那些揭竿而起的起义者们，则从关公身上汲取到了忠于信义、道义，勇于反抗黑暗的思想和信念。此即梁启超所指出的：“绿林豪杰，遍地皆是，日日有桃园之拜，处处为梁山之盟。”对于一般庶民百姓，亦能通过对关公的崇拜和敬畏，起到一定的教化作用。这一点，元人郝经早已指出：“(关公）所在庙宇，福善祸恶，神威赫然，人咸畏而敬之。”

（三）关公的封号与关帝庙的由来

关羽生前除曹操奏请汉献帝封其为汉寿亭侯外，正式官职为襄阳太守、都督荆州事务。刘备封赐的爵位先为荡寇将军，后为前将军，位列蜀汉“五虎上将”之首。在其殁后的 41 年，即三国蜀景耀三年（260 年，正好是其诞辰 100 周年），后主刘禅追谥为壮缪侯。此后，从南北朝开始，直到清朝末年，关羽受历代封建帝王的崇封有增无减，“侯而王，王而帝，帝而圣，圣而神”，褒封不尽，庙祀无垠，关羽名扬海内外，成为历史上最受崇拜的神圣偶像之一，以致与孔夫子齐名，并称“文武二圣”。

关羽以忠贞、守义、勇猛和武艺高强著称于世，历代封建统治者都需要这样的典型人物作为维护其统治的守护神，因而无比地夸张、渲染其忠、义、仁、勇的品格操守，希望有更多的文臣武将能像关羽那样尽忠义于君王，献勇武于社稷。

给关羽加爵封王始于宋代。宋徽宗赵佶于崇宁元年（1102 年）追封关羽为“忠惠公”，使关羽由侯爵进为公爵。时隔一年，又于崇宁三年晋封关羽为“崇宁真君”；大观二年（1108 年）再封关羽为“昭烈武安王”；宣和五年（1123 年）又封关羽为“义勇武安王”。在短短的 21 年内，赵佶追封关羽多达 4 次，由侯进公，由公进君，由君进王。南宋高宗赵构也宣称关羽能“肆摧奸宄之锋，大救黎元之溺”，于建炎二年（1128

年）加封关羽为“壮缪义勇武安王”，其子赵昚更称关羽“生立大节与天地以并传，投为神明亘古今而不朽”“名著史册，功存生民”，于淳熙十四年（1187年）加封关羽为“壮缪义勇武安英济王”。

宋亡之后由蒙古族入主中原，建立元朝。元文宗图帖睦尔于天历元年（1328年）在南宋给关羽的封号“壮缪”改为“显灵”，全称为“显灵义勇武安英济王”。

封关羽为帝始于明代。朱元璋死后，由皇太孙朱允炆继位，年号“建文”。建文三年（1399年）朱棣发动武装政变，以“清君侧”为名攻克南京，夺得皇位。朱棣说他的行动得到关羽显灵保佑，由他当皇帝乃是“天意”。皇帝说关羽是神，各级官吏和黎民百姓亦都把关羽当神来敬。到了明朝中后期的正德四年（1509年），朝廷下令将全国的关庙一律改称“忠武庙”。万历二十二年（1594年），应道士张通元的请求，神宗朱翊钧晋封关羽为帝，关庙的称谓亦由“忠武”改为“英烈”。万历四十二年（1614年）十月，朱翊钧封关羽为“三界伏魔大神威远震天尊关圣帝君”。《解县志》和《山西通志》对关羽封帝的记载与上述说法有异：一说是万历十八年（1590年）封关羽为“协天护国忠义帝”；一说是万历十年封关羽为“协天大帝”。孰为信史，有待考证。

清代统治者也是极为崇信关羽的。入关前世祖福临与蒙古族诸汗结为兄弟，声言“亦如关羽之与刘备，服事唯谨也”。入关后的顺治元年（1644年），即封关羽为“忠义神武关圣大帝”。圣祖玄烨于康熙四十二年（1703年）西巡途经解州时拜谒关帝庙，亲书“义炳乾坤”匾额。世宗胤禛于雍正四年（1726年）追封关羽的远祖、祖父、父亲为公爵。乾隆之后，历嘉庆、道光二朝，关羽的封号陆续加成“仁勇威显护国保民精诚绥靖羽赞宣德忠义神武关圣大帝”，多达24字，比之历代表彰尤著。文宗奕于咸丰五年（1855年）追封关羽的远祖为“光昭王”，祖父为“裕昌王”，父亲为“成忠王”。这样，自羽以上四世，三王一帝，显耀煊赫，连清室的皇宫里也供起了关羽的神位。

正如上文所述，关帝庙正是承载着全国各地民众对关公的无比崇拜而建立的。关羽，在中国人的心目中，是关圣，是关帝。虽然在汉代，献帝仅封了他

一个汉寿亭侯，级别不高。但后来，由于历代帝王的推崇，乃至拔高，尽管他没有当过一天皇帝，却可以享受皇帝的待遇。因此，依旧时礼制，祭祀关羽的庙可用黄琉璃瓦。于是，形成一种仪制，在中国古代，几乎所有的城市，都建有祭祀关羽的或大或小的庙，而且一律称之为关帝庙。

在关帝庙里，在镀金塑像的高大威严之中，在香烛纸马的烟气缭绕之中，在烛光高烧的辉煌亮丽之中，在虔诚信徒的顶礼膜拜之中，人们看到的、听到的、感受到的，是他的伟大、光明、崇高、神圣，是一个拥有无数光环的神。关乎关羽的一生，他所呈现的“义”，与孟子所讲的义，虽有相近的精神，却是差之毫厘，谬之千里。严格来说，关帝崇拜所重视的，是平民百姓口中的“义气”“信义”。由于民众对关帝的印象多来源于小说《三国演义》，或由《三国演义》演化出的戏剧、皮影戏、说书人口中的故事，故每每强调了关羽那充满浪漫英雄主义的忠义精神。

（四）关帝庙的戏曲文化

关帝庙除了可供民众祭拜关公这种功用之外，还可以作为各地民众消遣娱乐场所、举办关公戏曲活动的舞台。戏曲舞台艺术是一种内容广泛、具有民族特色的综合性艺术。关公戏因其“乃戏中超然一派，与其他各剧绝然不同”，其舞台艺术除具有戏曲舞台艺术这个大范畴的所有特征之外，又有其独特之处。戏曲演员一般分为生、旦、净、末、丑五大行当。生行又分为老生、小生、武生、须生、老武生、红生等。“红生”是演关公的特有行当，京剧早期演关公的红生以米喜子最为有名，辛亥革命前后以江南一带的王鸿寿（艺名三麻子）演技最佳。脸谱，为戏曲特有术语，一般以红色代表忠勇。关公是正貌，以忠勇见称，脸谱当然是红色，这至少在元代已成定式；但关公的红脸又是发展变化的。清咸丰、同治年间，京剧名伶于四胜演关公只勾眼，上场前则痛饮一大碗酒，面色即很快变红，这是一种“醉”红。程长庚受此启发，改关公为“重枣脸、

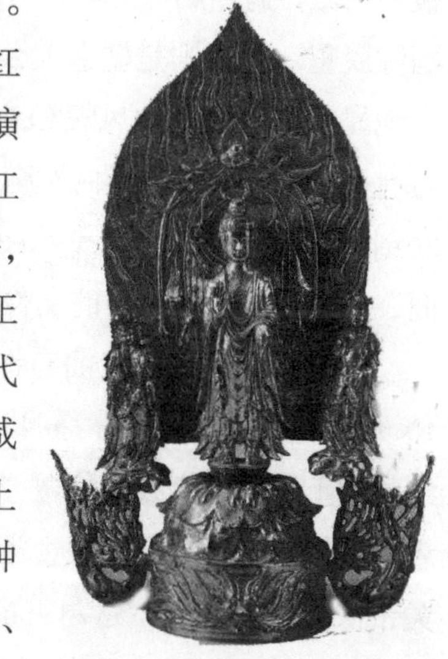

丹凤眼、卧蚕眉，研墨和朱，细心描画，开脸之美，一时无匹”。大约光绪初年，王鸿寿则将关公的脸谱改为大红色。“五绺”髯口为扮演关公这个角色时所专用，五绺即耳际两绺，嘴上两绺，须下一绺，此专称“关公髯”。关公这一角色专用的盔头为绿色，缀黄绒球，后有后兜（披风），两耳垂白飘带和黄丝穗，着绿蟒袍。戏曲舞台的关公随身道具是青龙偃月刀和红马鞭，青龙偃月刀是关公的专用之物。关公戏的表演，除戏曲中通用的基本程式外，还有不少特殊的极为严格的要求：

“演者必熟读《三国演义》，定精神、艺术二类。所谓精神者，长存尊敬之心，扫除龌龊之态（伶界对于关公崇拜之热度，无论何人，皆难比拟，群称圣贤爷而不名），认定戏中之人，忘却本来之我，虔诚揣摩，求其神与古会。策心既正，乃进而研究艺术。以予所见，第一在扮相之英武。要求扮相之佳，尤在开脸之肖。关公之像，异乎常人之像，眼也、眉也、色也（以真朱砂和油搅和）皆有特异之点，可以意会，难以言传。第二在作工之肃穆。要求之好，尤在举动之镇静。关公之武艺，异于常人之武艺，儒将风度，重如泰山，智勇兼全，神威莫测。用力太猛，则流于粗野；手足无劲，则近于委靡。以是舞刀驰马，极不易做，此则勤习无懈，方能纯化。”舞台上的关公形象既要勇猛威武，又要刚健凝重。亮相则是塑造关公外部形象的一个重要手段。通过亮相，集中而突出地显示人物的精神风貌和外部形象。据扮演关公的老艺人讲，戏曲中关公的特有亮相姿式就有48种之多，这是根据各地关庙中不同的关帝塑像和24副对联创造出来的“关公四十八图”提炼而成的。另外，在唱腔、做工、扮相等方面，各个剧种扮演关公的名伶都有不少艺术积累和经验之谈。

旧时，上演关公戏曲有许多不成文的规矩，如扮演关羽的演员在演出的前10天要斋戒独宿，熏沐净身；出场前要给关帝像烧香叩头，在后台杀鸡祭圣；红脸谱上要划一金线，称做“破脸”，不如此演出就会出事故；演员要在盔头或者前胸挂护身符（即有关帝圣像的黄表符），演出结束时要用此纸拭脸，并拿到关帝像前焚化，以示感谢关帝的庇护等。尤其在演《走麦城》时，更是搞得阴

森吓人，台上台下皆烧檀香、点蜡烛，满场烟雾弥漫，好像摆道场求仙一般。据说如果违犯禁律，关帝就会显灵，演员要出事故，戏园要出乱子。清廷皇宫演戏时，每到关公出场，帝、后、妃都得离座走几步，然后才能坐下看戏。一些有损于关帝形象的剧目，如《斩熊虎》《怒斩关平》《关公辞曹》(剧情是曹操的女儿一心追求关羽，遭关羽拒绝后，竟在其面前自刎身亡)，宫廷及京城的著名戏园皆禁止上演。

(五) 中国各地关帝庙的联语

中国各地关庙林立，关庙联也不胜枚举。大多赞颂关公义勇之举，描述民众崇拜之情。其中由名人墨客题写的关帝庙对联有，

明神宗朱翊钧题：
五夜何人能秉烛，
九州无处不焚香。

乾隆题北京正阳门关帝庙：
作镇统元居五岳之长，
资生合撰妙万物而神。

赵翼题北京前门月城关帝庙：
乃圣乃神乃武乃文扶四百载承尧之运，
自西自东自南自北如七十子服孔之心。

恽季申题上海关帝庙：
三晋英灵笃生夫子，
四时报赛先酌乡人。
义气薄云天生不二心汉先主，
忠肝贯金石后有千秋岳鄂王。

赵藩题重庆巫山关帝庙：

七百里劈峡导江斧凿难为功明德同怀夏先后，

十二峰兴云降雨神仙不可接微词特讽楚襄王。

徐清题泰山关帝庙：

日出时月上初雨中雪中得无限好诗好画，

书数卷棋半局炉香琴香到此间成佛成仙。

秦涧泉题解县关帝庙：

三教尽皈依正直聪明心似日悬天上，

九州隆享祀英灵昭格神如水在地中。

翁广居题解县春秋楼：

圣德服中外大节共山河不变，

英名振古今精忠同日月常明。

宋权题新绛关帝庙：

恕同文武，

志在春秋。

胡明经题南京关帝庙：

此吴地也不为孙郎立庙，

今帝号矣何烦曹氏封侯。

许太眉题杭州关庙：

如孟之刚气配义道，

继孔而圣志在春秋。

缪昌期题杭州关庙：

德必有邻把臂呼岳家父子，

忠能择主鼎足定汉室君臣。

程钟骏题杭州关庙：

玉印署封侯翊汉忠贞照日月，

钱塘新庙貌倚亭清啸览春秋。

王兆瀛题杭州关庙：

仍是旧江山何处荒祠吴大帝，

依然新庙貌陋他疑冢汉将军。

宋兆禴题杭州关庙：

从真英雄起家直参圣贤之位，

以大将军得度再现帝王之身。

杨昌浚题杭州关庙：

圣湖庙宇重新蠲洁如临潭上月，

武帝旌旗在眼威灵共仰水中天。

朱子明题杭州关庙：

兄玄德弟翼德同心一德共诛孟德，

生解州事豫州日守荆州威镇九州。

朱麟题杭州关庙：

义勇冠三分想西湖玉篆重摹终古封侯尊汉寿，

咸灵跻伍相看东浙银涛疾卷迄今庙貌并吴山。

质元润题浙江淳安关帝庙：

恨中原事业未尽西川遂令三千

载宏纲龙德蛙声正闰不明司马鉴，

缅故老衣冠犹存东浙好把数百年往事黄中赤伏兴衰共话钓鱼台。

贾镛题镇江关庙：

此吴山第一峰也，问曹家横槊英雄而今安在；

去汉代两千年矣，数当日大江人物不朽者谁？

朱绒三题沛县西阳岭关帝庙：

至诚之功孚及豚鱼虽阿瞒莫敢不服，

大义所归坚如金石惟使君乃得而臣。

张謇题海门长乐关帝庙：

中国尊为圣人庙食何论吴地尽，

此里故沿长乐钟声犹似汉家无。

齐彦槐题宜兴荆溪关帝庙：

志在春秋孔圣人未见刚者，

气塞天地孟夫子所谓浩然。

齐彦槐题宜兴荆溪关帝庙：

威镇雄州野树尚含荆浦绿，

神游古国夕阳偏照蜀山红。

明御史大理寺卿任瀚题：

才兼文武义重君臣耻与汉贼同天戮力远开新帝业，

威振华夏气吞吴魏能使奸雄破胆忠魂长绕旧神州。

明知州龚廷飏题：

山东夫子山西夫子瞻圣人之居条峰并泰岳同高，
作者春秋述者春秋立人伦之至涑水与洙泗共远。

潭州王岱题悬洛阳关陵正殿：
紫云盘旋剑影斜飞江海震，
红雾缭绕刀铓高插斗牛清。

潭州王岱题悬洛阳关陵正殿：
草庐三顾鼎足三分不朽当年三义，
君臣一德兄弟一心无双后汉一人。

清黄叔琬题悬北京正阳门关庙：
前无古后无今继阙里钟灵大哉光汉家日月，
畏其威怀其德自解梁毓秀巍乎壮故国山河。

乾隆题洛阳关林拜殿：
翊汉表神功龙门并峻，
扶纲伸浩气伊水同流。

窦联芳题洛阳关林石坊：
英雄有几称夫子，
忠义惟公号帝君。

孙鸿裕题洛阳关林供案：
忠义双垂安社稷，
声威并著破奸瞒。

王同伦题辉县关庙碑廊：
恩若弟兄刘关张桃园结义，
威镇华夏魏蜀吴国士绝伦。

汪继之题安徽祁门关帝庙：

兄玄德弟翼德德兄德弟，

友子龙师卧龙龙友龙师。

李雨苍题汉口关帝庙：

息马仰真容忆当年泰岱同瞻衮冕常新俨与岳宗南面，

卓刀留胜迹看此地长江环抱渊泉时出不随浩渎东流。

周钧亭题悬关渡行天宫：

行义终古沿如新绵俎豆馨香薄海清平叨庇荫，

天心毕竟有所在悬日生河岳万方人牧仰资生。

胡敬题悬杭州西湖金沙港关庙：

圣至于神存馨历千载而遥如日月行天江河行地，

湖开处汉崇祀值两峰相对有武穆在北忠肃在南。

清左宗棠题悬湖南常德市关庙：

史册几千年未有上继文宣大圣下开武穆孤忠浩气长存树终古彝伦师表，

地方数百里之间西连汉寿旧封东接益阳故垒英风宛在望当年戎马关山。

清程宗骏题悬杭州西源关庙：

潭印孤心鼎足三分一轮月，

台影照胆桃园双景六朝春。

清周亮工撰悬宁夏固原县关庙：

拜斯人便思学斯人莫混账磕了头去，

入此山须要出此山当仔细扪着心来。

清乾隆皇帝题悬北京地安门关庙：
浩气丹心万古忠诚昭日月，
佑国福民千秋俎豆永山河。

戴凤仪题福建诗山书院关帝庙：
帝之神在天下忠肝义胆咸荐馨香讵独诗山供一瓣，
王有恩及闽中辟草披榛廓清疆宇宜偕后土永千秋。

毛会建题湖北钟祥关庙：
允武允文精忠扶汉帝，
乃神乃圣福泽佑万民。

清夏力恕题：
英雄几见称夫子，
豪杰如斯乃圣人。

日读孔子遗书惟爱春秋一部，
心存汉室正统岂容吴魏三分。

明神宗朱翊钧题：
赤面秉赤心骑赤兔追风驰驱时无忘赤帝，
青灯观青史仗青龙偃月隐微处不愧青天。

刘为兄张为弟兄弟间分君分臣异姓结成亲骨肉，
吴是仇魏是恨仇恨中有仁有义单刀独辅汉江山。

山东张大美题：
数定三分扶汉室剥吴吞魏辛苦备尝未了平生事业，
志存一统佐熙朝伏寇降魔威灵丕振只完当日精忠。

还有许多悬挂在全国各地的关帝庙联语，题写者没有记载：

秉烛岂避嫌此心一夜惟有汉，
华容非报德当时双目已无曹。
（湖南关帝庙联）

德泽春秋滋圣帝，
功高万世赞新天。
（常平关圣家庙正殿联）

生蒲州长解州战徐州镇荆州万古神州有赫，
兄玄德弟翼德擒庞德释孟德千秋智德无双。
（悬湖北当阳关陵拜殿）

青灯观青史着眼在春秋二字，
赤面表赤心满腹存汉鼎三分。
（悬解州关帝庙春秋楼神龛）

翌汉表神功龙门并峻，
扶纲伸浩气伊水长流。
（悬洛阳关林拜殿）

先武穆而神大宋千古大汉千古，
后宣尼而圣山东一人山西一人。
（作者佚名，悬平阳府关庙）

山势西来犹护蜀，
江声东下欲吞吴。
（重庆巫山关帝庙）

心上人大哥三弟，
眼中钉北魏东吴。
（山东济宁关帝庙）

与天地、与日月、与鬼神争光，千古无二；
是君臣、是兄弟、是朋友大义，五伦有三。
（山东昌乐关帝庙）

一时千古，今日英灵，巍巍乎山河振地；
异姓同胞，当年常思，凛凛然日月经天。
（山西三义祠）

匹马斩颜良，河北英雄丧胆；
单刀会鲁肃，江东文武寒心。
（山西文水关帝庙戏台）

王业不偏安，拒曹和权，诸葛犹非知己；
春秋大一统，寇魏帝蜀，紫阳乃许同心。
（新绛关帝庙）

圣乃武成名，刚毅近仁，于清任时和中更增一席；
学于古有获，春秋卒业，在诗书易礼外别有专经。
（新绛关帝庙）

先武穆而神，大汉千古，大宋千古；
后文宣以圣，山东一人，山西一人。
（杭州关庙）

伦理修明，斯文未丧；

河山巩固，我武维扬。
（杭州关庙）

潭印孤心，鼎足三分一轮月；
台影照胆，桃园双影六桥春。
（杭州关庙）

麟经自昔，笃忠员扶汉安刘，万世人臣立斯极；
螭鼎于今，留浩气吞吴剪魏，三分天下卒归心。
（杭州关庙）

天地合其德，日月合其明，四时合其序，智者，勇者，圣者欤？纵之将圣；
富贵不能淫，贫贱不能移，威武不能屈，忠矣，清矣，仁矣夫！何事于仁。
（浙江江山仙霞岭关帝庙）

江声犹带蜀，
山色欲吞吴。
（镇江焦山关庙）

岷水溯雄图，神依西蜀；
焦峰冠灵宇，目俯东吴。
（镇江关庙）

史官评议曰矜，误矣，视吴魏诸人，犹如无物；
后世尊称为帝，敢乎，论春秋大义，还是汉臣。
（镇江金山关帝庙）

兄玄德，帝翼德，仇孟德，力战庞德；
生解州，出许州，战荆州，威震九州。
（许昌关帝庙）

匹马单枪出许昌，大丈夫直视中原无名将；
备酒赐袍饯灞陵，真奸雄岂知后世有贤声。
（许昌关帝庙）

灞桥自古有行人，问谁策马而驰，传名不朽；
曹魏于今无寸土，赖此绨袍之赠，遗像犹存。
（许昌关帝庙）

对嫂非避嫌，此夜心中思汉；
赦瞒岂报德，当时眼下无曹。
（许昌春秋楼）

夜读春秋，一点烛光灿今古；
昼思汉室，千秋正气贯神州。
（许昌春秋楼）

北斗在当头，帘箔开时应挂斗；
南山来对面，春秋阅罢且看山。
（许昌春秋楼）

惠陵烟雨，涿郡风雷，在昔同胞兴一旅；
魏国山河，吴宫花草，于今裂土笑三分。
（许昌春秋楼）

大义万古犹存，桃园聚后震西北；
赤心千秋如见，汉室兴时表东南。
（河南偃师泰山庙关公殿）

有是君，有是臣，继两汉常昭万古；

难为兄，难为弟，合三心永垂千秋。

（河南偃师关帝庙）

帝业归来，青龙刀偃缑山月；

神公如在，赤兔马嘶嵝岭风。

（河南偃师灵泉寺关帝殿）

孔夫子，关夫子，万世两夫子；

修春秋，读春秋，千古一春秋。

（成都关圣庙）

二、中国最大的关帝庙——解州关帝庙

（一）解州关帝庙的概况

运城东峙中条山，北依吕梁山，与河南省三门峡市隔河对望，因“盐运之城”而得名。运城盆地位于山西省西南部，西临黄河，所以中国古代将此处称作“河东”区域。这块土地肥沃、阡陌纵横、交通便利的盆地，不但历史悠久，文明古老，而且是中国古代文化发祥地之一，是华夏文明的摇篮，王侯将相，学者志士，代不乏人。

毫不夸张地说，中国五千余年的古老文明，几乎都与这块古老的土地息息相关。传说中，上古时代女娲氏炼石补天、神农氏遍尝百草、愚公移山、精卫填海、舜耕历山等均发生于此。先秦时期的部落联盟领袖尧、舜、禹，都曾在这块土地上建立华夏文明早期的政治、经济和文化中心，即所谓“尧都平阳（今临汾市）、舜都蒲坂（今永济县）、禹都安邑（今夏县）”。传说之中，远古时代决定炎黄民族早期文明构成、文明方向和文明进程的一次历史大决战，也在这里展开，即黄帝与蚩尤大战于“冀州之野”的传说与神话。早已有学者指出，上古时的“冀州”，即后世的“河东”。传说中教人以养蚕造丝的嫘祖，授人以稼穑耕作的后稷，示人以“版筑”造墙的傅说，也都活动于河东地区。从春秋时代至明清王朝这段有着确切文字史料记载的漫长历史长河中，河东这块古老的土地上更是英才辈出，他们创造和推动了中国古代社会的灿烂文化和文明，必将永载史册。论武将，河东地区历代名臣良将辈出。战国时代著名的政治家张仪、名将李牧，汉代名将卫青、霍去病、霍光，三国时期名将关羽、张辽，唐代名将尉迟恭、薛仁贵，宋代宰相司马光、名将狄青，明代重臣王琼，清代第一廉吏于成龙均诞生于此。论文学，河东地区也为华夏文明的发展作出了不可磨灭的贡献。战国

时期著名的思想家荀子，中国第一位西行取经的僧人法显，隋代大儒王通，唐代诗人王勃、王翰、王维、王之涣、王昌龄、卢纶、宋之问、温庭筠、柳宗元、白居易、司空图，金代大文豪元好问，元代杂剧家白朴、郑光祖，明代文学家罗贯中，清初文学家傅山等，或出生或生活在河东地区，为中华文明的发扬光大作出了卓越的贡献。在源远流长的中国古代文明史和文化史的辽阔天空上，仰望河东地区由历代名人交织成的星空，可以说分外璀璨绚丽。

在由古代河东名人组成的灿若繁星的天幕中，有一颗格外引人注目的耀眼星宿，这就是被后世封为“大帝”、尊称为“武圣”的关公。

解州关帝庙是由三关，即关庙、关府、关帝祖茔组成。解州作为关公的故乡，兴建关帝庙的历史颇早。据有关碑刻记载，远在陈隋之际（公元589年），就已经开始修建解州关帝庙了，此后重建于宋真宗大中祥符七年（1014年）。明朝嘉靖三十四年（1555年）山西遭受地震，庙宇倾塌，后又筹款重建。到了清朝康熙四十一年（1702年）又在火灾中焚毁，事后整整修建了11年，到了康熙五十二年（1713年）才修复旧制。此外，还先后进行过部分增建、重修30余次。现在我们看到的这座庙宇完全仿照宫殿式建筑平面布局，继承了中国建筑艺术的传统，即主要建筑都位于中轴线上，次要建筑都对立在两旁，具有相互顾盼，宾主朝揖之势。

解州关帝庙的平面布局为南北两个部分。庙的最南端是结义园，关帝庙初建时并无此园，据史料记载，该园创建于明万历、天启年间，由当时的解州太守张堂遵主持修建，为关帝庙添了一景。后又于清乾隆二十三年（1758年）与乾隆二十六年（1762年）增修。结义园里面有君子亭、结义坊、三义阁，并有关云长和刘备、张飞的结义图石刻画像。结义坊为纯木结构，四柱三门重檐三顶，檐下斗拱华丽壮观。坊后连卷棚式抱厦，比例协调，形制优美。坊额正面书“结义园”，背面书“山雄水阔”，字迹工整，大气俊美。结义园四周桃林繁茂，通体山地，栽有各种桃树近千株，颇有“桃园三结义”的情趣。结义园的修建，与明清两代人对“义”的无上崇拜有直接关系。正如前文所述，关羽的形象在明代已经被神圣化到了极致，加上《三国志演义》的问世，关羽的故事

自然成为人们津津乐道的话题。关羽一生事业的开端，是由结识刘备、张飞，并结为生死兄弟开始。据《三国志演义》记载：“……（刘备）正饮间，见一大汉，推着一辆车子，到店门首歇了，入店坐下，便唤酒保：‘快斟酒来吃，我待赶入城去投军！’玄德看其人：身长九尺，髯长二尺；面如重枣，唇若涂脂；丹凤眼，卧蚕眉，相貌堂堂，威风凛凛。玄德就邀他同坐，叩其姓名。其人曰：‘吾姓关名羽，字长生，后改云长，河东解良人也。因本处势豪倚势凌人，被吾杀了，逃难江湖，五六年矣。今闻此处招军破贼，特来应募。’玄德遂以己志告之，云长大喜。同到张飞庄上，共议大事。飞曰：‘吾庄后有一桃园，花开正盛。明日当于园中祭告天地，我三人结为兄弟，协力同心，然后可图大事。’玄德、云长齐声应曰：‘如此甚好。’次日，于桃园中，备下乌牛白马祭礼等项，三人焚香再拜而说誓曰：‘念刘备、关羽、张飞，虽然同姓，既结为兄弟，则同心协力，救困扶危；上报国家，下安黎庶。不求同年同月同日生，只愿同年同月同日死。皇天后土，实鉴此心，背义忘恩，天人共戮！’誓毕，拜刘备为兄，关羽次之，张飞为弟……”明人受三兄弟豪情壮志所感染，遂修此园作为纪念。

在结义园门口，还有规模宏伟的结义园木牌坊。在这个木牌坊的对面就是山门。山门，又称端门，是一座砖结构的宫门，上建三个单檐歇山顶，下开中大、侧小三个门，古朴端庄。端门为正庙第一道门，门上方有“关帝庙”门匾与“精忠贯日”“大义参天”的匾额。门匾四周的浮雕图案美观，线条流畅，造型优美。入宫门，是条东西相距约70米宽的甬道，两边钟鼓二楼遥相对立，就像两尊雄赳赳、气昂昂的武士，守卫着禁城的门户。两楼前又分别竖有雕刻精致的木、石牌坊，形成祖庙之前特有的庄重气势。

绕过琉璃龙壁，进钟楼或鼓楼门，就是关帝庙大门。大门又名雉门，是端门以内的第二道门。大门是一座黄色琉璃瓦覆盖的单檐歇山顶建筑，脊上装有高大、精美的脊兽和鸱尾，玲珑剔透，生动逼真。大门除了门的作用外，它还是一座“过路戏台”，平时，大门洞开，可供人上下出入，每逢庙会唱戏

时，则关闭大门及站后的一排格扇（门），背后就形成一座完整的古式戏台。大门东面有“文经门”“部将祠”“崇圣祠”“钟楼”及“万代瞻仰”石牌坊。“部将祠”又名三贤祠，是为纪念关云长的部将周仓、赵累、王甫而建筑的，此建筑面阔三间，进深两间，悬山顶。大门西面有“武纬门”“追风伯祠”“胡公祠”“鼓楼”及“威振华夏”的木牌坊。“追风伯”，相传是关云长走麦城以后，他骑的赤免马为吕蒙部将马忠所得，但这马数日不食而死。明朝万历皇帝，因这马不为敌所用很有气节，因而封其为追风伯。此建筑，面阔三间，进深两间，歇山顶，从中间的大门进去，跨过很高的门槛，就是戏楼石宫。穿过演员进入的“演古”或“证今”门便是戏楼，一幅“全部春秋”的牌匾悬挂在当头，这是古时所谓的乐楼，这座建筑面阔、进深各三间，五彩斗拱，卷棚系歇山顶。抬头看，透过绿林可见宽阔高大午门。午门建在大门以北，为庙内第三重门。午门是皇帝所居紫金城的南门，普通的庙宇不设午门，但因明代神宗皇帝曾将关羽封为“协天大帝”，后人才在关帝庙内增建此午门。午门的建筑形式为面阔五间，进深三间，单檐四阿顶，屋脊上有琉璃制作的狮子、龙头等动物，前后均有雕琢精巧的石栏杆。午门的墙壁上，南面画着周仓手执“青龙偃月刀”，廖化手拿“三郎叉”的巨像。北面画满了关云长生平事迹的五彩壁画。午门的两侧，东面是“精忠贯日”木牌坊，西面是“大义参天”木牌坊。再往两旁看去，是一眼望不到底的东西廊房。

顺着午门直下，穿过“山海钟灵”木牌坊，便到了御书楼。御书楼原名八卦楼，清康熙四十二年（1703 年）为纪念康熙来庙谒拜而建。清乾隆二十年（1762 年），因康熙御书“义炳乾坤”匾额于此，故改称御书楼。此楼不甚高大，但却精巧别致。御书楼周围有回廊 16 间，绕以石雕栏杆，两层、三檐、歇山顶，前有歇山顶抱厦、斗拱密致，后有卷棚邑厦，都是夜叉斗一拱，仰面上看，建筑复杂，雕刻华丽，地方宽敞。走出御书楼，便来到崇宁殿。崇宁殿是供奉关帝庙的主殿，因关羽被宋徽宗封为“崇宁真君”而得名。大殿面宽七间，进深六间，重檐歇山顶。殿四周有回廊和 26 根盘龙石柱，龙柱从上到下浮雕有

蟠龙和云纹，龙身盘曲，龙爪奋张，在云中飞舞，形像生动活泼。崇宁殿的道路两旁立着铁塔、铁人、铁狮子、铁旗杆，两旁还有两个独立的亭子，东面是碑孚，西面是钟亭，建筑形式都是两层六角飞檐顶。关帝庙内有碑文记曰："殿阶石柱，雕龙飞腾，庙貌宏丽，甲于天下。"殿内有关云长的塑像，头戴冠冕，身穿龙袍，神态端庄肃穆，衣饰线条流畅威武，有沉着、勇猛、刚毅、凝练之气。面南坐于暖阁正中，两旁的侍者、武将，神采各异，塑造讲究，均为明代造像之佳品。神龛上梁枋间，悬有康熙御书"义炳乾坤"横匾一块，雕工纤细，色彩醒目。廊下门楣上"万世人极"匾，乃咸丰御笔亲书。前檐当中"神勇"横匾，是乾隆皇帝之作。在崇宁殿的两侧坡下，有东、西宫所，这是过去为值日和尚接待达宫贵人的拜谒而筑的。殿前房廊的东西两侧有青铜铸造的青龙大刀三口，每把重约 300 斤。殿前还有精美的青铜大鼎。

春秋楼在关帝庙后院北部，与午门、御书楼、崇宁殿等垂直排列，并以矮墙相隔，自成格局。如前文所述，关家常以《春秋》教子孙，关羽又喜读《春秋》，故有此楼名。《春秋》又名《麟经》，故春秋楼又名麟经阁。该楼上层中部设木制暖阁，阁中有关羽青年时夜读《春秋》的全身坐像。关羽面容酷似白面书生，头挽幞头巾，穿蓝色龙袍，足蹬云头靴，右手持卷，左手捋髯，显现出关羽研读《春秋》的生动形象。楼身悬匾八方，中层外檐下悬清嘉庆二年（1797 年）胡龙光题写的行楷"麟经阁"匾；上层神龛暖阁上方悬清雍正时期和硕果亲王题书的行书"忠贯天人"，暖阁内门所悬道光十五年（1835 年）安邑赵占魁、周中规、周中矩题写的"青灯观青史着眼在春秋二字，赤面表赤心满腔存汉鼎三分"楹联。

从隋唐到明清，在中国古代社会千余年的历史中，解州关帝庙是中国传统道德文化教育和感化的殿堂。在这里，关公一次又一次地被最高统治者加封、赐匾和祭祀，一批又一批的黎民百姓、芸芸众生，纷纷来到这里参拜祭祀，虔诚地从关公身上学习他忠孝义勇的品格。古人云"天下兴亡，匹夫有责"，每当国家和民族危难之际，人们都会来此祭拜关帝，忠于国家和民族，勇敢地拿起武器保家卫国；历代的少数民族统治

者入主中原之后，也会到这里进行褒封和祭祀，力图通过对关公的赞扬、肯定和对关公文化的认同，去弥合民族之间的思想、文化的分歧；在物质、金钱的欲望对人性和人际关系造成挑战，形成侵害之际，那些恪守传统道德的人们，则来到这里，从关公身上寻找坚持信义和忠诚的道德原则与道德楷模；当遭际坎坷的时候，那些身处逆境的人们，也会来到这里，找到值得效仿的榜样，即像关公那样“威武不能屈，富贵不能淫”；即使是那些平凡的芸芸众生，也能在这里受到“忠”“诚”“信”“义”的教育与感化。

“最原始的方式里往往隐藏着最朴素最真实的感动”，关帝庙的建筑就是这句话的最好诠释。没有城池关隘的固若金汤，没有皇家别院的金碧辉煌，没有园林楼榭的巧夺天工，亦没有寺观佛塔的精美恢弘，但就是这样简单的、民间的、“草根”的，甚至是随处可见的关帝庙，却成了中原文化特征最完美的代言。

无论是“桃园三结义”誓扶汉室，还是“败走麦城”为刘备断首捐躯；无论是“单刀会”“刮骨疗毒”，还是“温酒斩华雄，诛颜良斩文丑”，关羽作为扶汉人物，他有立马横刀、绝伦逸群的风采；辅助刘备，有丹心贯日的赤胆忠诚；铠甲不脱，有夜读春秋的求学精神……因此，关帝庙游览者们看到的一切都不是眼前看到的表象，而是悠悠千载的文化认同，是泱泱大国的民族精神的浓缩和重塑。从无处不在的庄严肃穆的氛围，具化到牌坊庙堂、塑像匾额，无一不是如此，都被重重地烙上了民族文化和心理认同的印记。从这个角度来说，关羽是当下的一种道德自赎和心灵皈依。

关帝庙中给人印象最深的莫过于牌坊，牌坊作为中国古代最有特色的门洞式建筑，颇具纪念性和装饰性。雕梁画栋，气势宏伟，结构玲珑，工艺精巧。但是作为宣扬封建礼教和标榜功德之用，它又带有太多的沉重在里面，一如关羽本身，义正词严，不苟言笑，容不得丝毫侵犯，隐隐中透着一丝寒意……

雄伟的午门和庄重的庙堂承续了这种谨严，游人信众，无不肃然起敬，顿生敬畏之心。提到关帝庙，就不可不说我们的主人公——关羽。作为一种精神层面的膜拜，塑像无疑是关帝庙中最为核心的部分。《三国演义》书中借玄德

之口道出关羽的不凡：身长九尺，髯长二尺；面如重枣，唇若涂脂；丹凤眼，卧蚕眉，相貌堂堂，威风凛凛。也许是深受《三国演义》这部小说的影响，关帝庙中的塑像无一不是手捋须髯，凝神危坐。关帝坐像，往往身着衮袍，头戴冕旒帝冠，双手持笏当胸，神态刚毅沉稳，既有武将风范，又有帝王威严。

最有艺术特色的还是那些雕刻艺术品，花卉、蟠龙、人物、狮麟……虽然材质各异，但无不玲珑剔透，栩栩如生。

“汉朝忠义无双士，千古英雄第一人”，忠勇神武，义气千秋，关羽是幸运的，作为武将忠良的代表，彪炳千古，垂范后世，作为中华民族不屈不挠舍生取义的象征，配庙享祀，凝聚国人灵魂。正如于右任先生所言：“忠义二字团结了中华儿女，《春秋》一书代表着民族精神。”

时代变迁，沧海桑田，明人吕子固在《谒解庙》诗中曾无限感慨地吟咏“正气充盈穷宇宙，英灵煊赫几春秋。巍然庙貌环天下，不独乡关祀典修”。这样的盛况，现早已不再有，面对物欲横流，千年前的关羽该是怎样的一种无奈啊！然而这种无奈的背后应该是更深的大爱，这种大爱无需表达，更不必言说，蕴涵着一种不懈的执著，贯穿着一股如水的韧劲，他还是那样正襟危坐，淡淡地俯视着世态炎凉、芸芸众生，用他的存在唤醒着抑或是提示着人们淡漠已久的羞耻感、正义感和责任感。

穿越时空的隧道叩问秦砖汉瓦，回到喧嚣的尘世笑看百态人生，关帝庙里的一尊神化的人像从此有了挥之不去的忧思，给褪色的历史涂抹上一片凝重的色彩。轮回看罢，世界依然烽烟四起，名利参透，世人仍旧趋之若鹜……每次轮回的轮回，作为中华民族灵魂守望的美髯公，都孤独地坐在关帝庙里，在为失却的本真无声呐喊着……

（二）解州关帝庙的楹联

拥有“天下第一武庙”美誉的解州关帝庙堂前，有一副典雅的颇含深意的集句对联：

吴宫花草埋幽径，魏国山河半夕阳。

此集句对联上联取自李白诗《登金陵凤凰台》：“凤凰台上凤凰游，凤去台空江自流。吴宫花草埋幽径，晋代衣冠成古丘。三山半落青天外，一水中分白鹭洲。总为浮云能蔽日，

长安不见使人愁”；下联则取自中唐诗人李益的《同崔邠登鹳雀楼》：“鹳雀楼西百尺樯，汀洲云树共茫茫。汉家萧鼓空流水，魏国山河半夕阳。事去千年犹恨速，愁来一日即为长。风烟并起思归望，远目非春亦自伤。”关帝庙明明是为纪念蜀汉英雄关羽而建立的，可此联语却不提关公，而全从其敌国吴、魏落笔，这是为什么呢？三国时代，魏蜀吴三国虽然曾经三足鼎立，并且最终由晋朝完成了统一大业，但随着时间的流逝，孙吴和曹魏政权已经逐渐被人淡忘，少有人会提及，而蜀汉大将关云长则不然，关公凭借其义勇被后世铭记、神化、顶礼膜拜，后世崇拜者修建关帝庙加以供奉，参拜之人络绎不绝，终日香火鼎盛。此对联取吴、魏泯灭无闻之典，反衬关公之尊，不禁使关帝庙的参拜者读后若有所思，慨叹古今。真有“不着一字，尽得风流”之妙。

另外有一副清人王兆瀛写的关帝庙联，与上联有异曲同工之妙。联曰：“仍是旧江山，何处荒祠吴天帝；依然新庙貌，陋他疑冢汉将军。”此联讽刺孙权，虽然自称“吴大帝”，至今却哪有一处荒祠来奉祀他呢？曹操文武双全，可是这位绝代枭雄在漳水旁的72座疑冢与关羽立帝庙比较起来，又显得何等之丑陋难堪？此一鲜明对比，反衬凸显出关帝庙的历史地位。

（三）解州关帝庙内的奇树

1. 藤缠柏

藤缠柏位于关帝庙正殿前，原本是一株已经有500年树龄的古柏树。不知何年何月，在紧靠古柏的根部萌发了一株藤树。日久天长，那藤树就缠在柏树上，形成了我们今天看到的奇观。事实上藤缠柏的景观在全国并不罕见，但是解州关帝庙里这株藤缠柏的与众不同之处在于：那藤树在柏树身上若合若离，似缠非缠，似贴非贴，恰似貌合神离的一对情侣。

2. 柏抱槲

柏抱槲，实际上是一种叫槲的树木寄生在柏树的树干上而形成的奇观。其实，槲自己有根，但它自己不从土壤中吸取养分，偏偏扎根在其他树木上吸取自己生长所需要的养分。春暖花开之时，在满目翠绿的古柏身上，突现出朵朵黄花中夹着红花，煞是好看。

3. 六六成圆的大叶黄杨

这是两株在前殿通往正殿的步道两旁生长的大叶黄杨，已扎根在此几百年了。令人拍手称奇的是，它的树冠并没有经人为修剪就天然地生长成圆圆的球形，更令人叹为观止的是，每个树冠的直径长至 6 米时便不再生长了，真可谓鬼斧神工。正是因为两株树木的树冠直径大约都是 6 米左右，而这六六三十六的数字，恰好与中国古代的天罡三十六星吻合，所以当地人就传说这是天上玉皇派来保卫关帝的三十六罡神灵的化身。

4. 五世同堂桑

山西运城常平村里屹立着一座关羽家庙，庙前挺立着一棵神树——五世同堂桑。这棵神气十足的桑树，树干粗可合围，树皮呈片鳞状，好像古书上说的麒麟皮，因此，有人说它是关公的坐骑“火麒麟”所化，也有人说它是条青龙，由青龙偃月刀转生。这棵桑树是明朝以前栽种的，已沐浴了五百多年的风风雨雨。它的神奇主要体现在桑树本身所具有的几个“五”：一个在地面，这棵“神桑”有五根碗口粗细的根茎裸露在地面，分别由树干生长出一米后钻入泥土中，犹如巨龙的五个爪趾，甚为奇异；第二个在树上方，桑树的主枝由距离地面五米高处的树干上开始向外伸展，不多不少正好伸出五根粗枝，与地表的五条裸露的树根相对应；这棵桑树还有一个最奇妙的地方，即由春至冬，枝头的桑葚可以五熟五落。这是为什么呢？当地有人传说，桑树下的这座关帝庙里供奉着关羽的曾祖父以及关羽的父亲和他的儿子关平等，共五代人。这株桑树长年在这里吸收日月之精华、感受着关公的“神灵之气”，所以每年都要结出五次果实分别献给关羽家的五代人，以感念关公及其全家的忠勇。当地人管桑葚叫“桑杏”，桑葚

呈殷红色，香甜可口。

（四）解州关帝庙内的石雕

关帝庙内的清水石雕主要分布在围栏、门楼、门档、柱础上。石雕雕工精美，灵动俊俏，巧夺天工，极显关帝庙建造者的能工巧致。柱础石雕大多以青石为材料，为呼应主体建筑，加上雕凿年代不一，风格上略有不同，但工匠们藏巧于拙，于精巧中处处凸显灵气。午门的一根柱础细分九层，以案几卷纹托底，雕着挂有三颗石榴的枝条，接着向内深凹进去三层。工匠们在四边内凹的空间中又各浮雕了一只小狮子，使整块柱础马上就活灵活现起来。往上又是一层四方雕，呼应着方形的底部。在这层四方雕之上细雕着瓣瓣莲叶，四边中间以团球相连，四个角又各安放了一只瑞狮，它们一个像是脚踩云端，一个仰面抱柱，一个龇牙虎视，还有一只幼狮相随。最上面层雕为圆鼓型，自然过渡和承接起圆型木柱，内容上以四口花窗为界，内置棋琴书画，细腻动人。

门当下面的石雕户对同样有看头。端门的一处户对的正圆形表面浮雕着一只回头望月的麒麟，麒麟通体饱满，灵动圆润，稳稳地站在圈底。另一座户对造型上则有较大变化，方形座基上，数朵祥云烘托着一个圆鼓形松鹤图平面雕，一只鹤低头觅食，另一只曲颈打鸣，浓浓的生活气息跃然石上。

三、清朝统治者的关羽崇拜及北京的关帝庙

解州有中国最大的关帝庙，北京有中国最多的关帝庙。明清之际，统治者不断大力推崇关公文化，民间的关帝崇拜迅速发展。据《乾隆京城全图》载，当时北京城内专祀关帝和以关帝为中心的庙宇累计达116座，几乎占了城内全部庙宇总和的十分之一。关公被当做“万能神”一样，受到民间百姓虔诚的顶礼膜拜。

明太祖朱元璋时复封关羽为侯，明神宗朱翊钧把关羽列为道教之神。少数民族统治者也十分崇拜关羽，清军入关前，努尔哈赤就极为尊崇关羽。努尔哈赤自幼喜读《三国演义》，关羽就是被他奉为偶像的人物之一。在姚元之《竹亭叶亭杂记》中记有：“相传太祖在关外时，请神像于明……又与观音、伏魔画像，伏魔呵护我朝，灵异极多，国初称为关玛法。玛法者，国语谓祖之称也。”这里的伏魔即是关羽。满族兴起时，努尔哈赤曾在赫图阿拉修建关帝庙，奉祀关羽。

史料记载，皇太极对《三国演义》也是爱不释手，“曾命儒臣翻译《三国志》及辽、金、元史，性理诸书，以教国人”，目的在于通过此书使满族子弟“习于学问，讲明义理，忠君亲上”。皇太极建都盛京（今辽宁沈阳）时，还特意“建（关帝）庙地载门外”，还赐“义高千古”的匾额，可见关羽崇拜在满族统治者心中由来已久。

清军入关后，满族统治者为了稳固在汉族地区建立的政权，特别将关羽推到至高无上的神坛上作为崇拜的对象，以迎合关羽大批崇拜者的崇敬心理。清帝于顺治元年（1644年），“建关帝庙于地安门外宛平县之东，岁以五月十二日致祭”；顺治九年，“敕封忠义神武关圣大帝”。从此，对关羽的祭祀有了基本的时间定位，“秋仲月祭关帝”成为清代祭祀典礼中的一项重

要内容。

在北京，清初统治者在历代帝王庙中专门建造关帝庙奉祀关羽，并不断加封，彰其忠义，使关帝崇拜在清朝发展到极盛。北京历代帝王庙位于西城区阜成门内大街，始建于明嘉靖十年（1531年），是一座明清帝王集中祭祀历代帝王和名臣的庙宇。祭祀的对象上自三皇五帝，下至历代帝王，到了清代这座皇家庙宇不但受到了清朝顺治、康熙、乾隆诸帝的重视，还取得了快速的发展，其主体建筑景德崇圣殿和四座御碑亭，由绿琉璃瓦改换为黄琉璃瓦顶，景德崇圣殿亦成为与故宫乾清宫相同等级的皇家建筑。顺治、雍正、乾隆等皇帝在历代帝王庙的祭祀活动，均在《清实录》中有所记载。祭祀历代帝王庙是国家的礼制重事，“春秋仲月取吉祭前代帝王，以名臣配”。关羽的仁、义、礼、智、信十分符合当时统治者所需要的道德规范，因此作为少数民族的清初统治者为维护皇权、笼络民心而极力倡导关帝崇拜。

对关帝的崇拜，除了体现在以上清初诸帝对关羽本人及后裔的屡次加封外，我们还可以从满族萨满祭祀、坤宁宫祀神的活动中窥见一斑。《满洲源流考》载：“我朝自发祥肇始，即恭设堂子，立杆以祀天，又于寝宫正殿，设位以祀。”其中祭祀的朝祭神有三位，即释加牟尼、观世音菩萨、关圣帝君。清军入关后，满族统治者还仿照沈阳故宫内清宁宫的格局，于顺治十一年（1655年）重建坤宁宫，将其中部、西部改为祭神的场所，“坤宁宫广九楹，每岁正月、十月，祀神于此，赐王公大臣吃肉。至朝祭夕祭，则每日皆然”。

由北京皇家所建立的关帝庙，最著名的应该是地安门外的关帝庙。此庙修建于洪武年间，并于成化十三年重修，明英宗时始命名白马关帝庙。据《光绪顺天府志》记载：“庙南向，庙门一间，左右各有一门，正门三间。前殿三间，三出陛，各五级。殿西有御碑亭，东有燎炉，北有斋室。殿后界墙有三重门……每年五月十三致祭。”咸丰时御书“万世人极”牌匾摹刻颁行。

另外，北京内城各城门瓮城内都有关帝庙，其中最著名的当属正阳门关帝

庙。杨静亭的《都门杂咏》中称："关帝庙在前门瓮城内，求签者甚众。"其词曰："来往人皆动拜瞻，香逢朔望倍多添。京中几多关夫子，难适前门许问签。"这座关帝庙庙宇虽然不大，但是供奉的关羽神像据说是明朝时皇宫里的旧物，又地处要冲，连皇帝也会来此处拈香，所以香火极盛。庙中有三口大刀，分别重 80 斤、120 斤、400 斤，相传是嘉庆年间打磨厂三元刀铺所铸，每年五月初九要举行磨刀祭。

北京城内关帝庙林立，其中也不乏一些充满奇趣的关帝庙。北京西四和崇外茶食胡同建有特殊的"双关帝庙"，其实是因为庙中供奉的除了关羽外，还有岳飞。民间相传关羽转世成为岳飞，所以才能够"精忠报国"；还传说岳飞也是武圣人，所以庙宇也就称为"双关帝庙"了。

西琉璃厂铁鸟胡同内也有座关帝庙，它的奇特之处在于，在大殿鸦吻上安装了一个铁鹤，铁鹤可以随风转动，用来驱赶鸟雀。将这种建筑方式应用在庙宇的建筑中是很少见的，所以老白姓干脆把这座关帝庙称为"铁老鹤庙"了。另外，西河沿有一座万寿关帝庙又称"粗旗杆庙"，该庙虽然没有独特的建筑，但却有重要的功用：它是当时行政区划分的界线。庙的东边属于中城，庙的西边隶属北城。倒座关帝庙在西单西安福胡同。关羽享帝王之尊，依旧礼制其庙可用黄琉璃瓦并应面南背北，此庙却坐南朝北，故称倒座庙。

北京金鱼池旁有座"姚斌关帝庙"，建庙的起因是有关关羽的一个故事。相传黄巾将领姚斌相貌类似关公，有一天他的母亲病了，"想吃良马肉"。姚斌知道关羽有一匹赤兔马，堪称良马，"于是投奔麾下伺机盗马"。终于得到机会偷了赤兔，于是假作关羽欲出城门，不料被守门官吏揭穿身份，就拿住送往关羽处。姚斌知道死罪难免，临刑时大哭其母。关公问明始末，很受感动，便释放了他。清震钧在《天咫偶闻》记载："姚斌关帝庙，在药王庙东。相传始于隋代，盖无可考。其像塑威严生动，绝非后代上人所能梦见。帝君正坐左顾，怒形于色视斌。斌袒裼赤足，系发于柱。勇悍不屈之色可掬。七将皆仰视帝旨而意属于斌。马在右而左顾，若民鸣仰诉者。马身装饰甚奇古，尾亦有饰。合一殿人物，如古画一帧，不似神像。或其初竟从古名人卷轴中来，而其塑手

之高，恐非刘供奉（雕塑名家刘案）不能办也。”

北京还有许多关帝庙已经融入到了百姓的日常生活之中，因此被人们赋予了更为通俗的名称，如西城区太平桥的“鸭子庙”、自新路的“万寿西宫”、安定门的“红庙”、东直门的“白庙”、朝阳门的“大庙”、民巷胡同的“高庙”、东单的“红庙”、东安门城根的“鉴顶庙”等，都是关帝庙。昔日北京关帝庙从旧历五月初九起，进香者日渐增多，到五月十三达到高潮。其中，广渠门外十里河关帝庙，自十一日起，开庙三日，梨园献戏，年年如此，六月十四祭关帝，场面像过年一样热闹。

四、中国各地其他的关帝庙

（一）河南许昌关帝庙与周口关帝庙

许昌关帝庙，始建于宋朝。绍兴十年（1140年）岳飞率军于此，以“关圣刀”大破金兵拐子马阵，击杀金兀术之婿夏金吾，并生擒其副统军。捷后，在灞陵桥西设坛立土祭祠“昭烈忠惠关王爷”，以谢神佑。明崇祯年间，乡绅方吏请旨敕建关帝庙，供奉“降魔护国关圣帝君”之位。清康熙二十八年（1689年），创建占地180余亩的“关帝行宫”，烟火盛极一时。关帝庙院墙内侧全部刻有巨幅连环壁画，生动明快地重现了关羽从出生运城到夜读《春秋》，从过关斩将到水淹七军，从白衣渡江到玉泉显圣的戎马传奇生涯。关羽的一生坚持“富贵不能淫”的原则，身虽归汉却念旧主，被历代帝王所看好；他在华容道义释曹操，胸怀大“义”，为广大百姓所推崇，故而关羽的传奇故事得以广为流传，有口皆碑。关帝庙也因此陈陈相因，香火日盛，与洛阳关林、陕西解州及湖北当阳的关帝庙并称为全国四大关帝庙。

豫东名城周口市，古为南北漕运之咽喉，东西交通之枢纽。现存的周口关帝庙是秦晋蒲州、大荔、澄城、朝邑、华阴、新绛、长治等地天平会集资营建的一座豪华富丽、庙馆合一的古建筑群。它犹如一段凝固的历史，记载着昔日周口商业的繁荣和经济文化的鼎盛。

坐落在沙河北岸的周口关帝庙，始建于清康熙三十二年（1693年），经雍正、乾隆、嘉庆、道光年间屡次扩建、重修，至咸丰二年（1852

年）全部落成，历时达159年。整座庙宇为三进院落，占地约26000多平方米，现存楼廊殿阁160余间，它那仿宫殿式的古建筑群，布局严谨、巍峨雄伟、历史悠久。建于中轴线上的由南向北的建筑依次是：照壁、山门、钟鼓楼、铁旗杆、石牌坊、碑亭、飨亭、大殿、河伯殿、炎帝殿、戏楼、拜殿、春秋阁。前院药王殿、灶君殿并东廊房，财神殿、酒仙殿并西廊房；东西虎殿、东西看楼建于中院两侧;老君殿、马王殿、瘟神殿居于东侧;客舍工作房则位于西偏院。整座庙宇乃是清代的典型建筑，宏伟壮观，风格独特，雕刻工艺集历代工艺之大成。

周口关帝庙的端门建于清雍正十三年，面阔五间，前后带廊，屋面覆绿色疏璃筒瓦，五彩斗拱，青阶朱户，正檐上悬“关帝庙”金字匾额。端门外有一对近3米高的石狮雄踞门前，雕琢精细，栩栩如生。庙前耸立一对古色黝然的铁旗杆，史书记载它们建于清嘉庆二年（1797年），是陕西同州大荔、朝邑、澄城天平会众商敬献。高22米，重三万余斤，杆身上下分三节精工浇铸，正六面青石浮雕底座，上面为正六面束腰台体铸铁座，座面浇铸人物故事、山水花卉、铭文图案。杆身饰有四条蟠龙，上下飞舞；24只风铃悬挂于六节方斗之下，迎风作响，声闻数里之外，石雕内容多取材唐诗宋词，及岁寒三友、富贵牡丹、铭文图案。昭示关羽“忠勇节义”的石牌坊，建于清乾隆三十年（1765年），为四柱三楼式。石柱的南北两侧附以抱鼓石四对，抱鼓石上雕有各种姿态的石狮，神态各异，活泼生动。全坊有人物、花草等一百多幅，计有“关云长义释曹操”“二龙戏珠”“竹林七贤”“苏武牧羊”“八仙过海”“蜀中八仙”“天马行空”“鲤鱼跳龙门”“狮子滚绣球”等故事及山水花卉、仙灵鸟兽。牌坊两石柱的正面有篆刻对联“说好话读好书，做好人行好事”，相传为关羽亲笔所题。石坊横联楷书“神武王著”，上立神禽透雕“二龙戏珠”，中置一牌篆刻“万古纯忠”。整座石牌坊全以青石对接而成，不见石灰粘合等痕迹，在建筑史上实属罕见。

石牌坊后面的飨亭建于清雍正九年（1731年），为单檐歇山式，面阔五间，进深三间，屋面覆绿色琉璃筒瓦，高浮雕龙脊，两端龙凤正吻，中立三节琉璃

牌楼，垂善为行龙，工艺精湛，造型生动，正面檐木雕有“八仙祝寿”“龙凤呈祥”图案，刀法细腻、疏密有序。檐柱柱础为石雄麒麟、狮子各一对，造型生动，祥和健美。后檐柱及廊柱柱础为莲花卧鼓六角须弥式，高浮雕“二龙戏珠”、鸟兽花卉和吉祥图案。

中院有富丽堂皇的花戏楼和气势雄伟的春秋阁。花戏楼，建于清道光十七年（1837 年），重檐歇山式，面阔三间，进深三间，屋面覆绿色琉璃瓦，正檐下镶蓝底金字“声振云霄”匾额，笔力苍劲雄健。精制木雕龙凤花卉人物故事，该楼设计精巧，装饰妍丽。

（二）福建东山关帝庙

福建省东山关帝庙，位于东山县铜陵镇东门内，铜山古城中岵嵝山下，故又称铜陵关帝庙（1387 年），始建于明洪武十一年，至今已有 620 余年的历史。

东山关帝庙依山傍海，布局严谨，气势宏大。其建筑中轴线与隔海相望的文峰塔相对，中轴线与塔尖成一条直线。庙前有四对明清时代的工匠们雕刻的昂首威猛、神态各异的石狮。牌楼式的庙门，由六支圆石柱顶托着数百支纵横交错、承力均匀的木制斗拱，拱架上捧着一座宫殿式楼亭，曰太子亭。太子亭是中国古典建筑师们综合运用几何学与力学原理所建造出的建筑精品，具有很高的古典建筑结构科学价值。由外向内倾斜的石柱支撑着太子亭，这种建筑风格在历史上的确是很罕见的。

地处沿海地区的东山，几乎每年都会受到

台风的侵袭，史志记载此地也曾有过多次比较大的地震。尽管饱受大自然的侵袭，太子亭历经600多年，重心那么高却仍然完好无损，因而被许多中外古建筑专家赞叹为奇迹。太子亭上的闽南彩瓷拼雕装饰别具一格，正面有八仙过海图和八兽图，分别为：麒麟、象、狮、虎、鹿、羊、骡和豺；背面则是一组组人物彩像：樊梨花征西、岳飞抗金等唐宋故事场景的群雕，整体构图简洁，气势恢宏，人物栩栩如生。这些装饰雕画采用了彩瓷粘贴的制作工艺，使得它们虽然历经数百年的风风雨雨，却丝毫没有褪色，可谓精美绝伦。庙内的鎏金木雕图案生动简洁，精巧细腻。一条盘龙盘踞在主殿下的青色大石阶上，颇有腾云驾雾之感。关帝庙主殿正中供奉着关帝神像，庙堂高悬着由清咸丰皇帝御笔题写的匾额“万世人极”，两边柱子挂有明武英殿大学士、吏部尚书兼兵部尚书黄道周亲笔书写的楹联木刻：“数定三分，扶炎汉平吴削魏辛苦备尝，未了一生事业;志存一统，佐熙明降魔伏虏威灵不振，只完当日精忠。”庙内遍布历代名家石刻、木刻对联、匾额。

说到东山关帝庙修建的原因，就不得不说到唐总章二年（670年），陈政、陈元光奉旨开发闽南，建置漳州，带来了家乡所奉祀的关羽神像香火入闽。关羽的一生是以忠义、勇猛和武艺高强著称，故兵家对其都很推崇。统帅领兵治军，将校率卒打仗，凡争战之事，都希望自己的将校兵卒武艺高强，英勇顽强，关羽便被树为榜样而尊为武圣。于是修建关帝庙，将关羽作为将士们的心灵依托，由此关帝信仰逐渐在闽南传开。东山位于东南海疆前沿，处在抵御外来侵略的要冲和东南沿海军事对峙的主战场，自古就是福建四大海防基地之一。关帝的忠勇精神，能够激发将士们保家卫国的决心，在此地更具有根植和发扬的土壤。东山百姓和官兵，将关帝作为保疆卫国的“保打神”来崇拜，以关帝的忠勇来鼓舞军民斗志，同仇敌忾抗击倭寇。据东山关帝庙内大殿《鼎建铜城关王庙记》碑文记载：“明洪武二十年建铜山城，以防倭寇。刻像祀之，以护官兵。”由此关帝信仰始在东山民众中广为传开。关帝信

仰作为一种文化现象，在东山的产生明显带有所处历史时期地理环境和社会环境的烙印。

东山流传着这样一个传说：南宋末年陆秀夫和赵禺君臣抗元岸山兵败死难后，灵魂投身东山关帝庙关帝周仓神祇，显灵帮助军民抗击倭寇。

关帝信仰文化在东山传播的时间，大概始于明末清初，据前文所述，明末清初正是朝廷对关帝的册封达到“关圣帝君”“关圣大帝”等至高地位，和关庙升格为正统国庙的显赫时期。此时正值《三国演义》问世，罗贯中刻画关帝的神威勇武，极大地提高了关羽的形象，又极大地丰富了关帝文化的内涵。由此关帝文化精髓在东山地区得到了轰轰烈烈的弘扬。东山关帝庙从建立之初就饱含着关帝文化鼎盛时期的诸多特征，即起点高、品位高、内涵深。黄道周唱咏关帝业绩和关帝文化精义的楹联以及咸丰皇帝的御笔匾额，就是关帝信仰文化在东山关帝庙，在东山一带发扬光大、独树一帜的历史写照。

（三）新疆关帝庙

正如前文所述，关公崇拜在清代已经发展到极致，不仅在中原，在少数民族聚居地新疆，同样是关庙林立。

在清代，关帝庙已经遍布中原、海外。即使是各种宗教荟萃之地的新疆也不例外。上自府县城堡、驻军营地，下至穷乡僻壤、村镇山谷，关帝庙几乎遍及全疆。乾隆二十四年（1759年），清廷平定准噶尔叛乱以后，在全疆开展军屯、民屯。十多年后，关内商贾民众、宗教人士，纷至沓来，户口激增。随着清庭在新疆设立行政机构，军事防御，使得新疆的经济和文化都取得了繁

荣。古代商人敬奉关羽始于明代末期，清代和民国时期更为盛行。随着商业的发展，各地皆有外来商人，新疆也不例外。聚于新疆的同籍客商多以成立“商会”和建立“会馆”的方式相联络，为其自身利益服务。一时间新疆庙宇会堂林立，名目繁多，其中关帝庙之多为众神庙之首。几乎大小县城，每城都有一座或几座，并且历朝重新建修，所谓“四营有四营之庙，三乡有三乡之庙”。当时陕西、山西、甘肃商人，“除会馆之外，鸠工庀材，大兴土木，庙宇之多，巍然郡之壮观也”。最早于雍正七年（1729 年），出征准噶尔的富宁安将军建关圣帝君庙于北关，每年春秋祭祀。乾隆三十七年（1172 年）又建会宁城关帝庙。据不完全统计，清代，新疆全省县城以上地方约 24 处，共有关帝庙 40 多座。以下列举新疆几座著名的关帝庙：

乌鲁木齐关帝庙

乌鲁木齐为天山北路的军事要地，巩宁城（老满城）有各类庙宇 36 座，其中关帝庙达 6 所，占各庙之首。这些关帝庙建于乾隆三十七年（1772 年），分别分布于北门正大街（今建国路）、东北汉兵墙、西南汉兵墙、镶红旗蒙古军驻地、宣仁堡和西关。史载当时建庙仪式颇为隆重，由显赫一时的总理乌鲁木齐等处屯田、营制事务的世袭一等男光禄大夫索诺木策凌亲自撰文勒碑于东亭，乾隆四十二年（1777 年）9 月再立碑于西亭。可惜后来庙毁，平瑞任提督时又重建，再毁于同治年间。

天山关帝庙

天山关帝庙位于巴里坤与哈密二县交界处的天山岭，又称“天山庙”。据残碑记载，此庙最早建于唐代。乾隆五十一年（1786 年）清代在唐代建筑的基础上重建，后毁于战火，现仅存庙的一间平房，青砖为墙，内放道班工具。光绪八年（1882 年）由哈密办事大臣明臣重修，并立《重修天山关帝庙碑》。道光八年四月二十八日，随军出征平定张格尔叛乱的浙江湖州知府方士淦经此，在《东归日记》记载：“二十六日，八十里至松树塘……二十里，由山脚十余里折曲盘旋而至山顶，关帝庙三层，深岩幽邃，显灵最著。旁有小房，系唐贞观十九年姜行本征匈奴纪功碑……二十七日，早谒关帝庙，联额颇多。唯徐星伯太

史（即徐松）有句云：‘赫濯震天山，通万里车书，何处是张营岳垒；阴灵森秘殿，饱千秋冰雪，此中有汉石唐碑。’可见庙旁原有小屋一间，屋内藏有唐代姜行本纪功碑。”

哈密关帝庙

据碑文记载，雍正七年（1729年）修建哈密关帝庙时，由地方官立碑存念。碑文中回顾了关羽的英雄事迹，以多处“何其正也”褒扬关羽的义勇之举。碑文摘录如下：“帝君生汉末倾颓之际，当奸雄并起之时，独与桓候兄弟昭烈皇帝，誓以共死，同扶汉室，此立心何其正也；事二嫂避嫌，秉烛立待天明，此持身何其正也；操拔下邺，使张辽说降，帝君表三约以明志。及斩颜良于万众之中，解围报操，遂封赐辞奔，此去就何其正也；后镇荆州，计攻樊城，杀庞德，降于禁，威震华夏。操议徙都以避，此讨贼何其正也；徂竟孙权助逆，吕、陆舞智，糜、傅降贼，以致麦城被困。千秋同恨，万古流芳，此报国何其正也。”

（四）黑龙江乌苏里江畔的虎头关帝庙

虎头关帝庙位于虎林市虎头镇东南处，背靠虎头山岭，面朝东南方向，距乌苏里江仅有50余米。据虎林县伪满康德二年的县志记载，虎头关帝庙建于清代雍正年间：“内地人民跋涉远来，及冬而返，咸以江东为落址之地，而以江河为会集之场。久之集人渐伙，获利亦厚，遂于陡崖之间，捐资建关帝庙一座，虔诚以祀殆昭小，深山幽谷中求财全命，惟有信义是崇云。”可见虎头关帝庙的修建也是中原人民在北迁过程中带来的中原文化的结果。

虎头关帝庙采用平面布局，整体分为前殿、正殿两部分，两殿紧相连接，前后排列面向东南。关帝庙无厢房舍院及配殿建筑，四周有砖砌的院墙。前殿、正殿平面各呈长方形，长度基本相等，宽度正殿大于前殿，前殿进深4.36米，正殿进深6.36米。正殿按照骨干木架的建筑形式划分，属于悬山式五架梁廊式建筑。前殿按骨干木架的建

筑形式划分，属于六架梁卷棚式建筑。台基建有鼓形柱顶石。山门两侧有用土衬石的方法砌成的台基，山门出口处有台阶，踏跺八级。踏跺两侧为垂带石，沿踏跺方向形成了平头土衬的象眼。庙的两侧，有石砌台阶 84 级直达庙后山岭之上。庙内为两进结构，庙内前殿八根明柱上皆雕画有二龙戏珠图案。两侧兵器架上摆置金瓜、钺斧、枪、刀、矛戟等兵器。进入廊檐，并排 4 根明柱，下端石鼓柱基，上面燕尾雕龙，迎面是 4 幅雕刻有“百古图”的阁扇，打开阁扇便是大庙正殿。殿内有 7 尊塑像，正中为关羽，下有六配，左配地藏佛、判官、关平；右配山神、小鬼、周仓。塑像后面和左右彩屏上绘有“五龙藏石”“赵颜求寿”“青松白鹤”“天竺国图”等图案。庙宇四周花墙围绕，红壁飞檐，雕龙画凤，十分壮观。虽年代久远，陈旧失修，但其独特的建筑结构和雕刻艺术风格仍闪烁着艺术光芒。

牌　坊

牌坊是凝聚了中国传统文化精髓的一种纪念性门洞式古代建筑，是中国古代封建社会为宣扬封建礼教，标榜功德，表彰功勋、科第、德政以及忠孝节义而建立的。牌坊是民族优秀文化艺术的集中展示，具有瑰丽的艺术魅力、极高的审美价值和丰富而深刻的历史文化内涵。每一座牌坊都是一件珍贵的工艺品、一座浓缩的博物馆，在它上面凝聚了中国古代劳动人民的勤劳和智慧。

一、牌坊的历史起源及演变

（一）牌坊的历史起源

牌坊，作为中国悠久历史和文化的一种象征，历史源远流长。它的产生和发展与三种建筑关系密切，这三种建筑分别是华表、门阙和衡门。

华表在汉代称恒或恒木，最初是木制的，主要立在官署、驿站、通衢大路上，是一种标识性建筑，作用相当于现在的路标、路牌。唐宋以后原始的功能逐渐消失转而成为一种具有纪念性和装饰性的柱子，用于官署、坟墓之前，并改用石制，就其建立的意义来说，与现在的牌坊相近。

门阙也叫阙门，又叫两观、象魏，是古代一种位于重要地方比如皇宫、官署大门通路两旁的望楼式建筑，最初用于警戒瞭望，作用相当于现在的外大门。由于出入这些地方的人众车马很多，为了确保安全，才修建了这种类似单体碉堡的建筑，以便守卫人员警戒盘查、登高眺望。秦汉时期，阙成为流行一时的装饰性建筑，被大量应用在宫殿、陵墓前。这时的阙有两种形制，一种是在两阙之间安有大门，类似于后来的棂星门牌坊。在成都发现的汉代画像砖上，已经有形状近似于后代牌坊的门阙了，这种阙后来发展得愈发高大雄伟，最终成为现代北京故宫午门的样式。它的功能除原有的防御作用外，更加注重本身的装饰性，以烘托出庄严、肃穆的气氛。另一种是没有大门的阙，保存至今的河南登封太室祠石阙、山东嘉祥武祠，都属于这种无门之阙。这种阙，两阙之间的距离都在七八米。因为通常建于祠庙、陵墓前，中间的空道被称为神道，所以这种阙也叫神道阙，发展到后来成为纯粹的纪念性建筑，也就是牌坊的前身。

衡门，是牌坊众多来源中最为重要的一个，《诗·陈风·衡门》中记载：

“衡门之下，可以栖迟。”意思是说可以在衡门下休息歇脚，这是最早有关衡门的历史记录。《诗经》是我国最早的一部诗歌总集，大约成书于公元前6世纪，也就是我国历史上的春秋时代，收集的基本是从周初到春秋中期的作品，由此可以推断，“衡门”最晚在春秋中期就已经出现。衡门是用两根柱子分别置于两边然后再在上面架一根横梁，是我国有确切历史记载的最早、最原始、最简单的门，也是牌坊的雏形。到了汉代，在原有衡门的基础上不断改进，加高加厚，再在上面加个檐顶，就是牌坊的雏形门——乌头门。乌头门的形成有两个来源，一个是衡门，另一个就是华表。因为主要建立在重要的官署等部门前，在两个表之间架上横梁，再安上大门，就是一座气派的乌头门了。乌头门盛行于汉代，到了唐代也有人叫表揭、阀阅，到了宋代，百姓都叫棂星门。关于棂星门的来历，史书中记载，棂星就是“灵星”，也就是今天的“天田星”。汉高祖刘邦曾规定，祭天要先祭灵星。北宋时期，宋仁宗要营建用于祭祀天地的“郊台”，设置了“灵星门”，因为门是木制的，又在门上用窗棂装饰，为了区别“灵星”，于是改叫“棂星门”，此后凡是重要的宗庙建筑，都要用棂星门来做装饰。例如用来纪念儒家至圣先师——孔子而修建的孔庙，以及一些重要的佛寺庙观在大门前都有棂星门，这是用祭祀天地的隆重礼仪来表示对孔子和佛道的尊重。从基本的建造构式上讲，乌头门、棂星门、牌坊基本上是一种建筑，只是在建造的地点用途上有所区别，所以用不同的名称来区别。例如，曲阜孔庙前就把棂星门和牌坊同时使用，二者的建筑构造完全相同，只是名称不同罢了。

牌坊是官方的一种叫法，老百姓俗称牌楼。但是，从严格的意义上来说，二者是有区别的。牌坊没有“楼”的构造，即没有斗拱和屋顶。牌楼有屋顶，它有更大的烘托气氛。但是由于二者都是我国古代用于表彰、纪念、装饰、标识和导向的一种建筑物，功能相近，而且又多建于宫苑、寺观、陵墓、祠堂、衙署和街道路口等地方，再加上长期以来普通老百姓对“坊”和“楼”的区别分类并不清楚，经常把两者混淆，所以到最后“牌坊”和“牌楼”就成了对一种事物的两个不同的叫法了。

（二）牌坊的历史演进

清楚了牌坊的历史渊源，

那么牌坊是怎样发展成为后来专门用来作为表彰性纪念性的建筑的呢？这要从我国早期的城市规划制度上寻找答案。春秋战国乃至秦汉时期，在我国的城市管理体制中实行闾里制度，就是把在城里居住的居民，按居住地域划分成纵横交错的棋盘式的方块形居住区，这些居民区，唐代称为“坊”。坊是居民居住区的基本单位。根据《旧唐书·职官志》记载，当时以一百户为一里，五里为一乡，在两京长安、洛阳以及全国各州府、县署所在地的城市，都把城内的区域划分为若干坊来进行管理，每坊都有专门的人负责，称为坊正。此外，又把坊内的居民以四家为一邻，五邻为一保，每保设保长，以便于管理。坊大部分都呈长方形布局，在坊的四周筑有高约三米的坊墙，用来保卫坊内居民的安全，同时又和外界相隔绝，“坊”与“坊”之间也有墙相隔，坊墙中央设有门，以便通行。

每个坊大约有二到八个坊门，就是那种装饰讲究的乌头门，坊门都是跨街而建，供坊内外的人们往来，坊门有规定的开放和关闭时间，除了每年政府规定的几个重要节日可以通宵开放外，其余时间都要按时关启。由于坊门是人们每天的必经之地，所以往往是人群最集中、最热闹的地方。官府的布告公文和私人的文告经常张贴在坊门上，作用相当于现在的信息公告板，在唐代著名诗人白居易的《失婢》中就有“宅院小墙庳，坊门贴榜迟”的诗句。坊内的居民如果在操行道德方面做出了值得称道的行为或是在科举上取得了好的成绩，官府都要在坊门上张榜公布以示表彰，这也是华表建立的初衷，牌坊也就是由此产生，当时叫做“表闾”。表，即是表彰、赞扬的意思；闾，是那时里巷的大门。表闾，就是在里巷的大门上，表扬那些在道德、孝行、科举方面有突出表现的人和事。当时，已成为约定俗成的规定，这也是后来牌坊的主要功能——旌表。

这种做法的起源可以追溯到久远的商周时代，据汉代著名史学家司马迁的《史记·周本纪》记载，周武王在灭商时，曾让他的大臣毕公，“表商容之闾”，这里的表闾就是前面提到的表彰、赞扬的意思。商容是商朝的贤臣，周武王这

样做的目的是为了收买人心，巩固自己的统治。这种制度一直沿袭下来，汉代也有此项制度。到了唐宋时期，因为有良好的品德和值得称颂的言行而被记载的人和事就更多了。在《宋史·孝义传》中曾记载了这样一件事，当时的江陵有位教书先生名叫庞天佑，对父亲十分孝顺。有一次，他的父亲得了一种怪病，多方医治都不见好转，他就把自己腿上的肉割下来，熬成汤给父亲喝，治好了父亲的怪病，当时的人们都认为是他的孝心感动了上天。后来，他的父亲活到80多岁才去世。他父亲死后，庞天佑日夜哭泣不绝，并在父亲的坟墓旁搭起草棚为父亲守孝。此事在当地被广为传颂，当地的知府听说了以后，也十分感动，亲自到坟前祭拜并把此事上奏朝廷。于是，皇帝亲下诏书在庞天佑住所的里门旁“筑阙表之”。

在唐宋时期，坊是城里居民的基本居住单位，唐代的坊管理比较严格，到了宋代，由于城市经济的繁荣，坊和当时用作交易的“市”（也就是现在的交易市场）的界限逐渐被打破，在经济较为发达的城市，政府开始允许居民沿街开设店铺，尤其是在城市的繁荣地段，人们纷纷拆除坊墙，改造成店铺，以获取经济利益。此后，发展到居住区内的坊墙也基本都被拆除了，这样一来，只剩下独立于街口的坊门还孤零零地矗立在那里。从而使坊门以及坊的旌表用途保留下来，并演变为牌坊这样一种独特的专门性的纪念性表彰建筑。牌坊，从乌头门（牌坊的起源和早期形制）开始一直都是一间的，到了唐宋时期，由于街道不断拓宽，坊门的跨度也不断延伸加长，发展到四柱三间。因为当时的坊门大都是木制的，同时又是重要的表彰性建筑，于是越来越注重牌坊的外部装饰，在坊门上飞檐斗拱，加强其庄重和神圣性。

在元代又出现了石制的牌坊，到了封建统治的顶峰——明清时期，牌坊也发展到了它的黄金时代，无论从制作工艺、牌坊的数量还是对当时社会的影响，都远远超出前代，当然，这和明清统治者的大力倡导是分不开的。当时，牌坊的修建和管理都由政府统一安排。明朝洪武二十一年（1388年），明太祖朱元璋下令修建状元坊用来表彰在科举考试中取得优异成绩的考生，

此举开创了由政府批准修建牌坊的先例。从这时候开始，牌坊这一特殊的建筑形式就和封建礼教、帝王恩宠紧密地联系到了一起。在当时等级制度森严的封建社会里，立牌坊可是一件极为庄严、隆重和光荣的事情，当时的人们都把立牌坊视作非常光荣的和值得炫耀的事。获此待遇的人更是会名誉、身价倍增，社会地位也会有很大的提高，甚至整个家族的人都会觉得无限的荣光。

（三）建立牌坊的条件

牌坊的建立，绝非易事，就以牌坊发展最为鼎盛的明清时期来说，要想立牌坊需要具备以下几个条件：

一、要有一定的社会地位：比如要为在科举考试或仕途上取得卓越成就的人立牌坊，都必须是曾进入国子监读过书或者获得举人以上功名的人，才有资格提出申请；此外，还要在地方上有一定的声誉，其人和事迹有广泛的影响力。

二、必须得到皇帝的恩准：从明代开始，就已经由政府负责牌坊的审核批准和统一管理。申请人在提出建立牌坊的申请，获得地方官府的批准后，还要由地方政府上报到中央政府（朝廷），由皇帝亲准，才可以兴建，最后由官方出资建立功名坊。

三、要有雄厚的财力做支撑：立牌坊表面上看是对个人的一种表彰，但实际上，这往往牵扯到整个家族的利益。一些地方的强宗大族，都倾向采用这种方式扩大本家族在地方上的影响力，他们需要来自朝廷的褒奖来提升其在当地的政治地位。所以，往往会通过各种方式和途径买通当地的官员获得推荐的资格，这要耗费大量的金钱。在一本名叫《秦氏族约》的家族族规中，有这样一条规定：如果本族中有在忠孝节义方面做出杰出表现，而因为经济上的困难、无力申请朝廷旌表的人，要通过家族内部集资筹款的方式进行资助。清代，安徽徽州一份盐商筹建牌坊的资料，有助于我们更深入地了解当时的实际情况，

这份珍贵的历史资料很清楚地说明了经济实力在建造牌坊过程中的重要性。

原文如下：

由学备文移县转府申详藩宪及院宪，共额费元银五拾五两

内老师计额元拾贰两

学胥计元八两

县礼房额元六两

府礼房额元四两

布政司房额元七两

院房额元拾八两

倘由部报饬县印结，约额费元拾两之间

系老师处约在八两

县、府礼房各一两

藩、院房无额费，县、府礼房均可承办

从这张账单上，可以看出当时官吏的贪婪与腐朽，为打点各级衙门竟花费五十五两银子。申请建坊，在当时是对一个家族实力的考察和检验。

明清两代是建坊比较多的朝代，尽管如此，能够有幸获准立牌坊的，仍然是极少数。影响入选的因素很多，但基本上都是高门大户、世代为官的豪族和一些财大势强的地方乡绅土财主。通常情况下，身为万民之主、一国之君的皇帝是没有闲情逸致去关注这些民间琐事的。所以，所谓的“亲准”“御批”，都只是借用皇帝的名义而已，实际上都是由礼部“批发”的。按照清朝政府的规定，获准建坊后，要由政府拨付修建的银两（因为是国家批准建立的），名为“建坊银”，由当事人的家族出面组织承办。但区区三十两仅仅是个象征性的表示，相对于兴建牌坊的巨大开销，这只是杯水车薪。而且，就像前面提到的，这些银两连打点各级官员都不够，更别提建牌坊了。就拿建状元坊的中举者来说，有的人干脆拿这钱去孝敬主考官，而不是用来建牌坊。这真是最辛辣的讽刺。

（四）修造牌坊的意义

在注重封建礼教、讲究尊卑等级的古代社会，牌坊是崇高荣誉的象征，可以彰显门第，光宗耀祖。树立牌坊是对在德行、功勋上取得成就的人的最高褒奖，不仅仅是个人，就连其家族也备感荣耀。在当时的人看来，这是流芳百世之举，是与名留青史同样值得骄傲的事情，是人们一生的最高追求，也是在当时的社会可以给予普通民众的最高精神奖励和荣誉。以上是修建牌坊对个人的意义。

如果从更深层次来解读修建牌坊的意义，我们不难发现其背后隐藏的真实意图，那就是愚弄人民、巩固统治。牌坊，作为封建礼教下的产物，其在精神层面的引导规范作用，显而易见，就是利用牌坊这一媒介，宣扬赞颂那些符合统治阶级要求的顺民的事迹来“纯化”民风民俗、树立“良好”的社会风尚，从而达到缓解社会矛盾、稳固统治的目的。

二、牌坊的建筑形制、工艺和分类

（一）牌坊的构造

牌坊，一般由基础、立柱、额枋、字牌和檐顶五部分构成。

基础是牌坊最基础也是最重要的部分，好比盖高楼，如果地基打得不牢，房子就不会坚固，建牌坊也是同一道理。牌坊的基础包括地上与地下两部分，地面部分就是基座，按材质分类有木牌坊和石牌坊。木牌坊，一般是将柱脚牢牢地夹在条石中，在露出地表的部分锁一道铁箍。石牌坊，柱根上一般使用须弥座、抱鼓石和蹲狮，当然也有不用的。例如，著名的皇家陵墓明十三陵及清陵，采用的都是仿木的大石礅，在上面刻上云龙纹、神兽，大石礅下面是基石。基础的地下部分是基脚，基脚主要是柱顶石、砖石砌成，深度从几米到十几米不等。牌坊不同于其他形制的建筑，它基本上是“无依无靠”，要想使它巍然屹立千年而不倒，基础必须要牢固。但是牌坊就其本身建立的意义重在彰显，所以牌坊的主体部分（也就是露在外面的部分）要占用相当大的体积和重量。为了增强牌坊的整体稳定性，石牌坊的抱石鼓和石狮子都比较高大。木制的牌坊，每根立柱还需要依靠两根斜撑的木柱。

立柱是牌坊的主要支撑部分，牌坊上的各大横向组件，都要穿搭在立柱上。它主要有两种形制，即圆柱和方柱。木牌坊大都是圆柱的，石牌坊则有圆有方。在一些高大华丽的牌坊上，由于装饰过于繁多，整体的比例显得不够协调，立柱承受的压力过重，不利于牌坊的稳固，为了弥补这种缺点，增强视觉的感官效果，加固立柱的强度，会在立柱的内侧加设一个小柱。加在木牌坊上的称“戗柱”；加在石牌坊上的称“梓框”，明清时期的陵墓所用的石牌坊，大都使用了梓框。

牌坊的形制规格，按照我国传统的划分方法，是以立柱作为区分不同规格的标准的。

通常把两柱之间的门洞叫间，两根柱子叫一间，三根柱子叫两间，以此类推。最中央的间被称为“当心间”，两边紧邻的称“次间”，再靠边上的称“稍间”，柱以偶数增减，间呈奇数变化。一般称作：两柱一间牌坊、四柱三间牌坊、六柱五间牌坊等。牌坊的间数之所以呈奇数变化是因为古人认为奇数为阳，偶数为阴。如果房屋、楼塔建成偶数，会被认为是不吉利的。所以，北京故宫的房屋要建成九千九百九十九间半，就连普通百姓的四合院房子也要建成单数的，这是受中国古代阴阳风水说的影响。在等级森严的封建社会里，牌坊也是身份地位的象征，是不能随便修建的，有着严格的等级限制。只有皇帝和皇室成员才能使用最高规格的六柱五间牌坊，其他人最高也只能建四柱三间牌坊，但孔子的牌坊可以不受限制，使用最高的标准，这也是对这位至圣先师的一种尊崇。

牌坊，按柱子是否出头分成两大类：冲天式（柱子出头的）和非冲天式(柱子不出头的)。可以说柱子在牌坊的建筑构成中具有重要的地位，在牌坊类型的划分上，柱子也是重要的参考因素。

额枋是牌坊作为表彰式纪念性建筑意义最为重要的部分，牌坊的旌表性功能，就是在这里充分体现出来的。额枋的基本组件有小额枋、大额枋、平板枋、垫板等，因为建坊者的社会地位、经济实力等因素的影响，建造成的牌坊种类繁多、形式各异。有的极为简朴，有的华丽非凡。大多数的牌坊都很重视外部的装饰，以至于形成了竞相攀比的浮靡风气。

字牌是用于在牌坊上题刻文字的，以最常见的四柱三间坊来说，一般是在“当心间”上做一块高约一米，长度随间宽的字牌，在上面书写正文，在两侧的次间字牌上是小字的注文和题书者的落款。还有的在正文字牌的上面再立一块同样的字牌，写上一些赞颂的词句，诸如“乐善好施”等。再往上是紧贴在檐下的竖着的小字牌，上面写着“圣旨”二字，字的旁边雕满了龙凤的图案，这是中央的当心间。两边的次间会相应地递减一层字牌和额枋，以凸显出主题牌坊。在牌坊的风格和形式上各地不尽相同，但主体上是一致的。

檐顶，这主要是对牌楼而言，由斗拱和出檐构成。结构上最为复杂的是斗拱，斗拱是最具中国传统风格的建筑构件。在中国古代的封建社会里，对斗拱的使用有着严格的限制，建筑上的斗拱的数量代表了主人的权势、地位、身份和等级，是不能随便用的。作为权力和地位的象征，斗拱自然是牌楼中不可或缺的重要组成部分。斗拱最初是用在屋檐下，起承载屋顶重量的作用，但用在牌楼上，主要是起装饰衬托的作用。斗拱在木制牌楼中用得较多，一般是重叠累加，多在三跳到五跳之间（也就是三层到五层），在石制牌楼中，层叠的数量也要二至三跳，即二到三层。牌楼的屋顶主要有两种：一种是庑殿式（四面坡顶），一种是悬山式（两面顶）。在实际应用中，以庑殿式最为常见，这主要是因为这种形制更为符合建造牌坊的最终用意，建在“当心间”的屋顶叫明楼或主楼，建在次间上的叫次楼，最边上的叫边楼。等级规格最高的是被称为“六柱五间十一楼”的牌楼，可以说是牌楼中规模最大、工艺最精，也是建造难度最大、耗银最多的，只有少量修造，例如，明代皇家陵墓——明十三陵，采用的就是这种样式。

（二）牌坊的制作工艺

牌坊，作为一种专门的纪念性、标志性和装饰性的建筑，其在建筑艺术上的成就是巨大的，几乎每一座牌坊都是一件精美的艺术品。牌坊的制作工艺集中表现在“雕”“画”“砌”这三方面。

雕，即雕刻、雕塑，包括石雕、木雕、灰雕（泥塑）和玻璃雕。在现存的牌坊中都能找到实例。但牌坊的制作工艺最集中的表现在石牌坊上，而石牌坊的工艺主要在雕刻上面。所以说，雕刻工艺是牌坊制作中的最为关键和重要的环节。石牌坊的每一个构件，从檐顶、额枋、立柱，到斗拱、花版，都是精雕细刻出来的。先把它们一件件地刻出来，然后拼接组合成一座完整的石牌坊，在石牌坊的每一处组件上，都可以看到那巧夺天工的雕刻技艺和构思巧妙的设计，使我们不得不赞叹古人的勤劳和

智慧。

关于石牌坊的雕刻，主要有四种方法：

1. 高浮雕（也叫突雕）

主题装饰在石料表面突起较高、起伏较大的一种石雕。典型的有河南新乡潞简王墓前石坊立柱与额枋上的“双龙戏珠”。

2. 浅浮雕

突起的雕刻主题高出石面一般只有一至两厘米，不论是平面还是弧面，雕刻的各部分几乎都在一个平面上，可以相互重叠，增强立体感。北京的皇家陵墓大都使用这种雕刻手法。

3. 平浮雕

就是把除图案花纹以外的地方，都凿去一层，最大的特点是突起的雕和凹下去的“地”都是平的。

4. 阴线刻

特点是线形流畅、手法细腻，多见于汉白玉、青岗石等石坊上，主要用于主题花纹以外的地方，起烘托陪衬作用。

画，是指中国传统的绘画，基本是彩色的，作为建筑的重要装饰成分，在牌坊的外部设计上，画的地位举足轻重。中国的古典建筑大部分是木质结构，在木头上刷上彩色的油漆，既可以防腐，又可以起到美观点缀的作用，使整个建筑显得雍容华贵，可算一举两得。所以，彩绘（彩色的绘画）被大量用在宗庙宫殿、寺宇庙观上。有人说，中国的古典建筑是色彩的建筑，从现存的古代建筑来看，这种说法是符合事实的。牌坊的彩画多见于木制的牌坊，因为石牌坊虽然也曾有彩绘，但历经岁月的流逝，早已斑驳脱落了。至于色彩的搭配，与殿堂式建筑并无两样，琉璃瓦用黄色、额枋用清绿色、柱子用大红色、斗拱用深蓝色，使得整座牌坊庄重大气、雄伟壮观。像北京雍和宫的牌坊和国子监的牌坊都是这样配色的。在南方的一些地方，民间的绘画方法和色彩的选择，则要自由得多，不拘程式，不呆板，显示出一种新鲜的气息。

砌，指用砖累砌，主要是砖牌坊上用得较多，也用在琉璃牌坊上，在我国的南方地区比较常见。通常用水磨青砖，凭借高超的累砌技术和精雕细琢，可以清晰地勾勒出牌坊的效果，甚至比木石牌坊还要精密细致。

牌坊的装饰：用于装饰牌坊的内容很丰富，从人物故事、历史典故、民间传说，到花卉植物、珍禽异兽、山川水泽，几乎无所不包。即使是一些边远落后的地区也是如此，不能不令人惊叹！在牌坊的装饰上，也体现出了我们这个民族的文化习惯和民族特性。最典型的就是喜欢使用带有象征意义和隐喻性的花纹图案来暗示出牌坊主人的地位和身份，或者表达对他的尊敬和祝福。我们民族的性格含蓄而内敛，这影响到我们社会生活的方方面面，就连我们日常使用的文字，也是具有象征意义的。所以，牌坊装饰图案的选择是有深沉含蓄而又深远的意义的。

常用于牌坊上的图案有：

龙凤：是古老传说中的两种神兽，有吉祥美好的寓意。龙，代表威武刚强；凤，代表柔美贤淑。在中国传统文化中，龙是百兽之尊，是封建社会中作为至高无上的皇权的象征；凤乃百鸟之首，封建社会中常用来作为高贵的皇后的象征。龙凤是应用得最为广泛的一种装饰，在各地的皇家陵寝和宗庙建筑中最为常见。

蝙蝠：因“蝠”字与“福”字谐音，因而成为好运气和幸福的象征，人们常常以五只蝙蝠组成图案雕绘在牌坊上，以象征长寿、健康、富裕、平安、人丁兴旺及子孙满堂等五种天赐之福。

鹿：与“禄”谐音，常被用作牌坊雕绘的图案，以象征升官晋爵、高官厚禄。

鱼：与“余”谐音，常与水塘、荷莲一起组成图案被雕绘在牌坊上，以象征金玉（鱼）满堂或连（莲）年有余；同时，鲤鱼跳龙门又是读书人金榜题名、荣登仕途的代名词。因此，鲤鱼腾浪也常被用于雕绘牌坊的图案，以象征科举及第、金榜题名。

松、竹、梅“岁寒三友”象征着健康长寿和坚贞不屈的品格。鹤、龟、麒麟、荷花、荷叶、牡丹、如意等具有象征意义的动物、花卉和器物也常被刻绘在牌坊上，表达长寿、幸福、健康、吉祥、如意等丰

富内涵。这种含蓄的表达方式很符合我们民族深沉、内敛的性格，因而成为中国人集中表达对家人、亲友，乃至民族、国家深厚情感的一个平台。透过一个个牌坊和那些被赋予各种深意的图案，我们可以略微感知古人丰富的情感世界，他们的所思所想都已凝聚到这一座座的牌坊上了。除了这些动植物的图案外，牌坊最大的特色还有“坊眼”。比如北京中山公园进口处的牌坊，上面就有郭沫若题写的“保卫和平”四个字，为的就是表明这座牌坊的建造对象和建造原因，否则就失去了建造的意义和价值。另外还会在牌坊上注明牌坊是为谁建的、为什么事而建、由谁建的和什么时候建的等内容，有的还会题写对联。这些文字是中国封建社会中人们的人生理念及封建礼教、传统道德观念的集中表现。

（三）牌坊的分类

牌坊，按不同的分类标准可以划分成许多类别。

1. 从修筑牌坊的目的来分类，主要有：

功名牌坊：大多是褒奖在守卫边疆、抵御外敌入侵，平讨叛逆、征战四方军功显赫的武将和在朝廷辅佐皇帝、勤政为民，在治理国家和整顿地方上政绩卓著的文臣而建立的。这类牌坊的起源很早，秦汉时就有这项制度。

道德牌坊：主要是表彰在传统的封建道德忠孝节义等方面有良好表现的孝子贞妇的，是统治者维护封建伦理纲常的主要手段之一，是麻痹人民，进行愚民统治的一种工具。其中，以表彰贞节烈妇和孝子贤孙的最多。例如，山东单县保存的 15 座牌坊中，这类牌坊占了绝大多数。明清之际，随着封建统治的强化，对人们思想文化上的控制更为严密和专制，这在牌坊上表现得最为充分。现存的道德牌坊大部分都是这两朝所建。像安徽省的徽州地区只有 6 个县，保存到现在的牌坊就达 1000 多座，多数都属此类。其中最具有代表性的当属安徽

省歙县棠樾牌坊群，歙县牌坊之多，堪称中国之最。从最早的贞白里坊到封建时代的最后一座牌坊——贞烈砖坊，至今仍有82座。

标志牌坊：主要建立在重要的宫殿寺庙前，具有大门的作用和彰显旌表的功能。因为此类牌坊一般都建在入口的显眼处，所以逐渐成为所在主体的标志性建筑。

陵墓牌坊：主要是帝王皇家陵寝，为了显示皇家的尊贵的身份和帝王的权威，增加陵墓的肃穆庄严的气氛，都非常重视陵墓外部的装饰，而牌坊是其中重要的组成部分。此外，一些官僚士绅和文人墨客为了彰显身份和凭吊纪念，也都喜欢在陵墓前修建壮丽气派的牌坊装点门面。此类牌坊最具有代表性的莫过于北京的明清帝王陵墓和南京的中山陵牌坊，这类牌坊早先源于汉唐时期的墓阙和墓表。

2. 从牌坊的建筑样式和风格上分类：

由于中国地域广大，各地区的民俗风情、经济发达程度、气候情况、建筑材料等条件都有很大的差异，加之受中国传统文化影响大小的不同，所以牌坊在全国各地的分布很不均衡，并且大都带有鲜明的地域特色。大体而言，东部多于西部，主要集中在北京、山东、安徽、浙江等地。在这些牌坊数量较多的地方，也都呈现出不同的特点。牌坊从风格形制上大体分南、北两大派。南派牌坊秀丽精巧，尤其是徽式、苏式、桂式牌楼，高挑的檐角显得秀气端庄，犹如江南的女子婉丽动人；北派牌坊则受传统文化的影响，承袭了秦汉以来厚重庄严宏大的建筑风格，大多有宫廷建筑的痕迹，显示出皇家的肃穆与威严，凝重和粗犷。其中，北京以皇家礼制、标识、装饰性的牌坊为特色；山东则是著名的孔孟之乡，受传统文化影响较重，其牌坊多是与儒家文化有关的，彰显出深厚的文化底蕴；徽州和江浙地区多是民间的旌表、纪念牌坊。牌坊作为一种独特的人文景

观，具有深厚的历史文化意义和较高的现实价值。不同地域、不同风格的牌坊，展现出一幅幅具有浓郁地域色彩的优美画卷，也显示出祖国地域的广大、文化的丰富。

3. 从牌坊的材质上分类，主要有：

石牌坊：牌坊中最主要的一种，是我国现存牌坊中数量最多、分布最广、工艺最复杂的。大部分的功名牌坊和道德牌坊都是石制牌坊，这类牌坊以景园、街道、陵墓前为多。从结构上看，繁简不一，简单的只有一间二柱，无明楼；复杂的有五间六柱十一楼者。但基本上都是四柱三间式的，这是石牌坊的主要建筑形制。石牌坊的浮雕镂刻很有特色，如果石质坚细，不仅浮雕生动，而且其精细的图案历经数百年都清晰可见。

砖牌坊：此类牌坊主要是作为祠堂、会馆、宅院等建筑的大门，民间称为“牌坊门”。主要分布在四川、湖南、江西、安徽、浙江等长江以南地区，是南方民间最常见的一种门。另外，还有一种是晚清近代时期的砖牌坊，却是形制工艺上最为粗陋的一种。主要是因为国家衰败，经济上的窘迫和经费有限，所以采用最便宜的砖瓦，因此这类牌坊只能说大体上有个轮廓而已，根本谈不上什么艺术性和工艺性。

木牌坊：大都装饰华丽，飞檐斗拱，正因为这样，顶部的重量较重，使牌坊的稳定性受到影响，为加固牌坊，很多都采用“八”字平面结构。木牌坊多用于官署、庙宇等场所。另外，在老北京人们喜欢用高大的冲天式木牌坊作为临街店铺的门面，在额坊上挂上店铺的匾额、招牌和幌子，成为集装饰性、标示性、商业性于一体，传统文化浓厚的一种独特建筑。

水泥坊：是近代才兴起的一种牌坊。主要是仿制过去的石牌坊和木牌坊的形制，制作都很粗糙，还有的用于古牌楼的搬迁和加固工程。数量不大，也并不重要。

琉璃牌坊：实际上是砖石结构，只是在表面贴有黄、绿两种颜色的琉璃瓦。这是一种高级华丽的牌坊，主要在北方地区的皇家建筑和寺庙中较为常见。例

如，北京北海小西天琉璃牌坊。这种牌坊与其他牌坊的不同之处在于其底部是石制的须弥座式基台，檐顶用琉璃斗拱托起。在阳光的照耀下，光彩绚丽。现存的琉璃牌坊很少，更显得弥足珍贵。

唐宋以来，随着牌坊在人们日常社会生活中的应用越来越广泛，作用越来越重要，牌坊的种类区分也日益细化，形成了名目繁多、功能各异、类别齐全的严整体系，牌坊已从单纯的纪念性建筑发展上升为一种文化。按照牌坊的具体用途、功能性质，适用场合等诸方面因素，把牌坊细化为功能用途明确的各种专门性牌坊：忠正名节牌坊、科甲功名牌坊、孝子懿行牌坊、贞妇节女牌坊、仁义慈善牌坊、历史纪念牌坊、学宫书院牌坊、功德牌坊、百岁寿庆牌坊、文庙武庙牌坊、衙署府第牌坊、地名牌坊、会馆商肆牌坊、陵墓祠庙牌坊、寺庙牌坊、名胜古迹牌坊等。这些牌坊主要起着褒奖教育、炫耀标榜、纪念追思、风俗展示、装饰美化、标识引导等用途。

三、各式牌坊和牌坊背后的故事

现在，我们按照牌坊修造的目的和用途，分类介绍具有不同意义的各式牌坊。牌坊，最初仅是一种纪念性的装饰建筑。

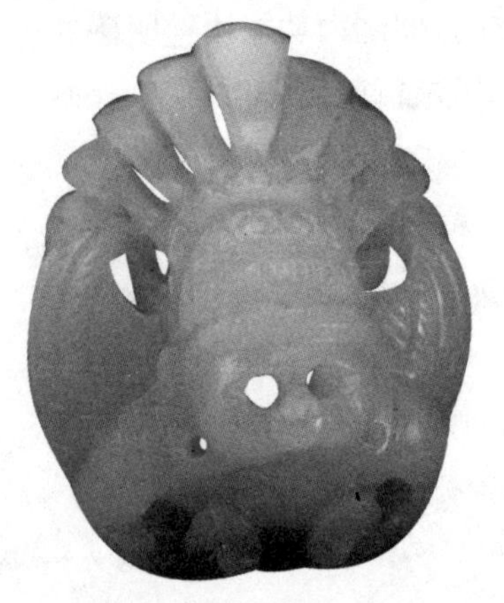

（一）功名牌坊

功名牌坊主要是纪念那些为国家建立特殊功勋的人，为了表彰他们的功绩，使后世的子孙瞻仰先辈们的丰功伟绩，劝勉世人而修筑。此类牌坊主要有两层用意：一是对功臣的一种褒奖，是一种最高的名誉奖励，用以鼓励文武大臣们为皇帝的江山社稷竭忠尽力。建功名坊在当时是很高的荣誉，除非立下盖世的大功，否则是不能获此殊荣的。二是起一种教化的作用，让人们明白，国家是不会忘记那些为国家作出贡献的人的。由此可见，当时的统治者用意之深。此类牌坊在现在仍有大量存世。这里举两个有名的功名牌坊：

1. 李成梁功名牌坊

现位于辽宁省锦州市北宁县城内钟楼前，是明朝万历八年（1580年）明神宗朱翊钧为表彰辽东大将李成梁的功绩，命辽东巡抚周咏等人修建的。牌坊为四柱三间五楼式石制牌坊，高9.25米，宽10.5米，庑殿式檐顶，檐下有一个竖匾，上刻“世爵”两个大字。上层额枋间的题版上则横刻着“天朝诰券”，在旁边刻有修建者的姓名、职务的小字注文。在下层的额枋题版上横刻着“镇守辽东总兵官兼太子少保宁远伯李成梁”等字。在牌坊上还浮雕“鲤鱼跳龙门”“二龙戏珠”和四龙、四鹿、四季花卉等花纹图案。整个牌坊气势雄伟、宏大壮观，具有极高的历史价值。

李成梁，（1526–1615年），明代隆庆、万历年间的著名将领，字汝契，铁岭卫（现辽宁铁岭）人。明朝嘉靖年间从军入伍，后因为作战勇敢、战功卓著，被多次提升。最后被任命为辽东总兵（相当于军区司令），成为明朝在东北的高级军事统帅。当时的辽东是明朝边防最为难守的地方，蛮族众多，蒙古、女真各部连年入侵，边境上常年烽火不断。自从李成梁守辽之后，多次率部大败入侵的蒙古、女真，给敌人以沉重的打击，使边境上的敌人闻风丧胆，不敢轻易进犯。明朝的东北边境恢复了往日的宁静。在当时明朝官吏腐败、边备废弛的情况下，是极为难得的。他几乎年年在边境上和敌人作战，打了很多的胜仗。史书上说他“师出必捷，威振绝域”是名副其实的。因此，朝廷为表彰他为国家立下的汗马功劳，多次给他加官进爵。万历皇帝对李成梁十分欣赏，封他宁远伯的爵位，并特地下令让当时的辽东巡抚为他修造了这座显示其赫赫战功的石牌坊。

2. 戚继光父子总督坊

百姓俗称“戚家牌坊”，现存于山东省蓬莱县城戚家祠堂南侧，兴建于明朝嘉靖四十四年（1565 年），是明朝政府为表彰戚继光父子在平定倭寇的战争中立下的卓越功勋而修建的。牌坊为四柱三间五楼式石牌坊，通高 9.3 米，横跨长度 8.3 米，庑殿式顶层三层斗拱。在明楼的檐下立有圣旨牌，整个牌坊共有三层额坊，在额坊的题版上刻着：“诰赠骠骑将军护国都指挥使、前总督山东备倭戚景通、镇守浙福江广桂总兵都督同前督备倭戚继光”等字。除此之外，在牌坊上采用了镂透雕、浮雕和圆雕等多种雕刻手法，刻有鱼、龙、马等寓意祥瑞的图案。整个牌坊设计宏大、雕刻工艺精湛，是牌坊中的上乘之作。加之牌坊的主人又是著名的抗倭民族英雄戚继光，所以牌坊的知名度很高，是中国现存的著名牌坊之一。

戚继光（1528—1588 年），汉族，字元敬，号南塘，晚号孟诸，山东登州人，一说祖籍安徽定远，生于山东济宁。明代中后期著名的抗倭将领、民族英雄、我国著名的军事家，著有《纪效新书》《练兵实纪》两部经典军事著作。父亲戚景通是明军中的高级将领，驻守于现在的山东沿海一带防御倭寇。当时正是明朝嘉靖年间，

皇帝崇信道术不理朝政，朝廷大臣结党营私，贪赃枉法，国家处于一片混乱中，倭寇趁机在中国的东南沿海一带大肆抢掠，杀人放火无恶不作。戚继光生活的时代正是倭寇最为猖獗的时期，少年时的戚继光亲眼目睹了海防废弛，百姓惨遭倭寇的蹂躏，家破人亡流离失所的一幕幕人间惨景，从那时起就立下了扫灭倭寇的志向，在16岁就写下了“封侯非我意，但愿海波平”的诗句。长大后承袭父职，率军在浙江、福建沿海一带多次击败进犯的倭寇，戚继光的军队纪律严明、装备精良、训练有素，经常以少胜多，以很少的伤亡大量杀伤倭寇，使倭寇闻风丧胆，百姓都把戚继光的军队叫“戚家军”。戚继光还根据江南一带多湖泊沼泽的特点，发明出一种适合在当地作战使用的攻防兼备的阵法“鸳鸯阵”。这种阵法可以根据敌人和地形灵活地变换队形，配以盾、矛、枪、狼筅、刀等长短兵器，机动灵活地打击敌人，经过十几年的浴血奋战，大小战役80多次，终于消灭了全部倭寇，使东南沿海一带恢复了往日的繁华，人民得以安居乐业。为了纪念这位民族英雄，表彰他在抗倭斗争中为国家和人民立下的不朽功勋，兴建了这座具有非凡历史意义和纪念价值的著名牌坊，使子孙后代铭记不忘，使英雄的事迹千秋万代地传颂。这就是功名牌坊修建的初衷和最终用意。

（二）道德牌坊

道德牌坊主要是为了表彰那些在传统道德方面有突出表现的人，比如孝子贤孙的孝行和那些丈夫死后保守贞节不再嫁人的寡妇们。这种牌坊因为标准较低，不像功德牌坊那样需要较高的条件，所以兴建得很多，加之明清时期封建保守思想趋于顶峰，统治者和当时社会对立牌坊非常重视，这类牌坊逐渐成为明清两代牌坊的主要形式。

1. 贞节牌坊

旌表贞节妇女的做法开始于汉代，到了明清时期，牌坊发展到了它的黄金时代。起初是用于颂扬在科举考试中取得佳绩的人，到了18世纪，也就是清朝中叶，旌表的重点转向了节妇贞女。于是，一代代的妇女从此便在封建礼教的

桎梏下呻吟。那一座座冰冷灰暗的牌坊下，是一个个命运悲惨的妇女无助的叹息，承载了妇女们太多的沉重和痛苦。

2. 百寿坊

现位于山东省单县城内，俗称朱家牌坊。建于清朝乾隆三十年（1765 年），是一座四柱三间三楼式的石牌坊，是为当时的翰林院孔目赠儒林郎朱叔琪之妻孔氏所建，因为在牌坊上刻有一百个不同字体的“寿”字，所以被称为“百寿坊”。整座牌坊跨街而立，高约 13 米，宽约 8 米。牌坊的图案纹饰非常丰富，采用了浮雕、透雕和平雕相结合的雕刻方法，除了传统的狮、龙、牡丹外，还有鹤、凤、梅花等奇花异卉。牡丹蝴蝶（寓意富贵无敌），芙蓉牡丹（寓意荣华富贵），竹梅绶带（寓意齐眉到老），梅花喜鹊（寓意喜上眉梢），春燕桃花（寓意长春比翼），绣球锦鸡（寓意锦绣前程），水仙海棠（寓意金玉满堂），秋葵玉兰（寓意玉堂生魁），都是以谐音和隐喻表现某种吉庆。其构筑精巧宏伟，雕刻精致生动，有矫捷神俊的雄狮、绕柱回舞的蛟龙、满饰额枋的牡丹，额枋祥云间翩翩飞舞有五只透雕仙鹤及浮雕的引颈鸣唱相对翱翔的双凤，狮座下左右面浮雕的圆形方形蟠螭、鹤图案，刀法简洁洗练，造型古朴优美。整个坊体结构严谨，疏密有致，刀法多变，雕琢精细。这些都深刻表现了我国古代石工匠心独运的艺术构思和精美华茂、炉火纯青的建筑雕刻工艺。

百寿坊是为朱叔琪之妻孔氏所立。朱家是单县最大的富户财主，有土地二十多万亩，祖父朱廷焕做过大名府兵道副使，朱叔琪凭借祖上留下的巨额财富，在乾隆年间做了翰林院的孔目，后来又娶了当地的高门大族曲阜孔家的姑娘。孔氏手指间有皮相连，形状像鹅、鸭的掌，于是当地的人给她送了个绰号叫鹅鸭公主。因为这个残疾，很难嫁到好的人家，最后不得已才嫁给位卑官小的朱叔琪。但孔家毕竟是当地的名门望族孔子的后裔，为了显示其门第的高贵，提出要朱家一步一个元宝摆到曲阜。朱家用元宝摆了双列，一直摆到了曲阜，远远超出了孔家的要求。孔氏嫁后不到十年，朱叔琪因病去世。当时孔氏才 26 岁，此后的几十年里，孔氏恪守封建妇道，矢志守节，抚养幼子成人，在当地传为佳话，再加之

孔家和朱家都是当地的豪门强宗，所以孔氏死后，朱家和孔家奏明朝廷请求对孔氏这种贞节的行为给予表彰，乾隆皇帝降旨建坊旌表。皇四子履郡王也赠诗道："布衣蔬食度生平，喜看庭芝渐次成。月冷黄昏霜满地，穗帷遥出读书声。""数十年来铁骨支，养生送死总无疵。冰操劲节光天地，千古常教奉母师。"

3. 节动天褒坊

民间俗称"庵上坊"，位于山东省安丘市庵上村，建于清朝道光九年（1829年），是为了旌表当地儒生马若愚的妻子王氏。王氏在丈夫死后，侍奉公婆、抚育子女，终生守寡未再婚嫁，"奉亲守志，节孝两全"，29岁时郁郁而终。为了表彰王氏的贞节和孝道，马家"奉旨建坊，旌表节孝"，建造了这座贞节牌坊。相传石坊由江苏扬州著名的石匠李克勤、李克俭兄弟及其八名弟子设计雕刻而成，其完美的造型设计和卓绝的雕刻技艺闻名遐迩，当地素有"天下无二坊，除了兖州是庵上"之说。也就是说除了兖州的牌坊外，天下再无其他牌坊可以和它媲美，可见其建造之精美。

牌坊是四柱三间式石牌坊，高约12米，宽约9米，庑殿式顶部，檐下透雕斗拱，明楼下两面都刻有写着"圣旨"的龙凤牌。在额坊题版上的两面分别刻着，"节动天褒"和"贞顺流芳"八个楷书大字。题跋上镌刻着"旌表儒童马若愚妻王氏节孝坊"字样。在额坊和和牌坊的立柱上，精雕细刻着各种寓意吉祥的动植物图案，像"狮子"与"师"谐音，与古时的"太师少师"等官名相合，表达了对官位的祈求。"绣球花"有两种含义：一、在古时的民间，绣球是爱情的信物；二、雕刻雄狮踏绣球，则寓意华夏一统。在牌坊上雕刻锦鸡玉兰则有"金玉满堂"的寓意。整座牌坊雕刻技法纯熟精湛，石匠们采用浅浮雕、高浮雕、透雕、圆雕等不同技法，在不同部位刻画了神态潇洒的八仙、腾云驾雾的青龙、四季花草等数十种景物，不仅形象生动逼真，栩栩如生，而且繁简得当，主次分明，构思巧妙，意境深远，是牌坊中的上乘之作，堪称我国石刻艺术的精品。

关于这座牌坊，民间有许多故事和传说。据说，从前，庵上村有个财主叫马宣基。他有两个儿子，马若愚和马若拙。长子马若愚到了该成婚的年纪，经人做媒与邻近北杏村王翰林的女儿定了亲。在定亲的第二年，马家选了良辰吉日派了盛大的迎亲队伍携带丰厚的彩礼来迎娶，但就在举行婚礼的当天，突然下起了大雨，前来贺喜的亲朋无不大惊失色，因为按照当地的风俗，结婚下雨是非常不吉利的事。马若愚的父母认为新娘一定是被穷神恶鬼附了身，一定要等到破解之后才能拜堂完婚。新郎新娘被迫各自待在自己的房间，彼此不能见面，经此打击的马若愚一病不起，这更加深了马家人此前的怀疑，确信新娘真的给这个家族带来了厄运，因此，婚礼便搁置下来。

过了不久，重病在身的马若愚便离开了人世。这时，王氏这位还未正式过门的儿媳却毅然留了下来，以长子媳妇的身份侍奉公婆，在过了十几年孤苦寂寞的寡居生活之后，带着无限的惆怅和失落，王氏离开了这个给她痛苦远多于欢乐的人世。而王氏的娘家也是当地的高门大族，为女儿在马家的遭遇不平，要求马家修建一座牌坊来纪念表彰他们品行高尚恪守妇道的女儿。这时，马宣基夫妇已经过世，马若愚的弟弟马若拙执掌了家族的大权，他十分敬重嫂子的德行，同时马家雄厚的家业和财产也使他有足够的信心来完成这项耗资巨大的工程，因此他答应了王家的要求。但建造牌坊是必须要得到朝廷批准的，私人是不能随便修造的，王氏的父亲曾在朝做过翰林，认识很多高官权贵，不久，果然弄来了批准建坊的圣旨。马家便开始在各地张榜招募工匠。最后，来自扬州的石匠李克勤、李克俭兄弟揭了榜，承担起这个繁重复杂的修造任务。建造工程艰苦巨大，石材全靠人力和畜力从很远的地方运到工地，仅仅为了铺设运输石材的道路和制作滚木，就已经把多处山林伐光。为此，马家雇佣了大量的劳力来进行工程的建造。甚至支付工钱的铜钱都要用大筐来装，每天都要抬出几筐铜钱用来支付各种开销。多年后，牌坊终于建成了。但马家却倾家荡产从此家道中落，甚至要靠乞讨度日过活。

其实，在牌坊的建造中，家族的钱财和权势始终是决定性的因素。很多的地方大财主、大家族缺乏能在科举或仕途上取得成功的机会和能力，但却有足够的财力使家族中寡居的妇女继续留在家族中，并以她的名义向朝廷申请立坊旌表，通过修建牌坊来炫耀他们的财势和显赫的地位。而那个可怜的被树牌坊旌表的贞

节妇女，只不过是一个借口和幌子罢了，修建牌坊的真实动机是为了给整个家族涂脂抹粉，而不是为地位低下、命运坎坷的苦命妇女树碑立传。一旦家族的目的达到，便不再有人去关心那个贞洁女子的命运了。

清朝著名学者俞正燮的《癸巳类稿》中收录了一首诗可以对此作以说明：

闽风生女半不举，长大期之作烈女。

婿死无端女亦亡，鸩酒在尊绳在梁。

女儿贪生奈逼迫，断肠幽怨填胸臆。

族人欢笑女儿死，请旌藉以传姓氏。

三丈华表朝树门，夜闻新鬼求返魂。

这首诗对当时寡妇自杀殉夫的风俗习惯做了深刻的揭露和批判。明清时期，受当时的风气影响，寡妇自杀殉夫已成为一种习俗。在明代万历十七年（1589年）修订的《安丘县志》的“列女传”中记载了贞节妇女 29 人，其中殉夫死者就有 15 人，受到旌表的有 9 人，都是殉夫而死的。在明代张贞的《渠丘耳梦录》中就有许多这样的故事。明朝嘉靖三十二年（1553 年），安丘峒峪村村民都一贯病逝，当天半夜时分，他的妻子王氏就自缢而死。“从夫于地下”在明代被认为是最崇高的行为。类似的悲剧到了清朝初年仍大量存在，清朝康熙二年（1663 年）在《续安丘县志》中记载了从明朝万历十七年到清朝康熙二年的节妇贞女 50 人，其中殉夫死者 28 人。到了清朝雍正六年（1728 年），雍正皇帝颁布圣谕，批评寡妇殉节是逃避圣人教导的家庭责任的卑怯行为，认为真正的节妇应该继续活下去，并为夫家恪守妇道。尽管这并没有消除寡妇自杀的现象，但此后自杀的人数确是显著减少了。18 世纪以后，甘愿过着青灯孤影寂寞生活的寡妇远远多于自杀者，马若愚的妻子王氏没有选择自杀，正是时代风气转变的结果。现在，我们就明白了，那一座座高大的、精雕细刻的牌坊到底意味着什么。牌坊上的“圣旨”只是用钱财买来的批发式的廉价皇恩，所谓的“节动天褒”“贞顺流芳”都是一种官方的虚词套话，可以用在任何一名节妇身上。那些处心积虑申请建坊的家族所想要的只是“圣旨”二字而已。他们以牺

牲几个女人的一生来换取家族的声名，这只是一种交换，一种交易，官方借此敲竹杠大发横财，那些财大气粗的地方豪门望族则通过建坊满足了自己的虚荣心。而那些牌坊的主人却被冷落在一边，不再有人去理睬，没有人去关心她们的命运，仿佛她们根本就不曾存在。人们眼中看到的只是这些家族的表面的荣耀。

（三）标志牌坊

这类牌坊建于重要的宗庙寺观等建筑前，起一种标志性作用，其建造往往与主体建筑风格浑然一体，烘托出主体建筑的庄重、肃穆。

1. 岱宗坊

现位于山东省泰安市，是东路登临泰山的起点，始建于明朝隆庆年间（1567–1572 年），清朝雍正八年（1730 年）重新修筑，是一座四柱三间三楼式石牌坊。额枋间的题版上篆刻“岱宗坊”三个大字，立柱为方形，与其他牌坊不同的是，柱根没有用抱石鼓或是石狮之类的巨石来扶靠以稳定牌坊的重心，而是采用了木牌坊的做法，用八根石柱顶住牌坊的中段，这在石牌坊中是很少见的。此外，这座牌坊没有复杂的雕刻装饰和线条构造，显得古朴、简洁，给人一种雄伟庄重的感觉。

2. 太史公祠牌坊

太史公祠牌坊坐落在陕西省韩城县南，是为了纪念我国西汉时期著名的历史学家司马迁而修建的，这座祠始建于晋代，此后历朝历代都有修葺整理。祠堂建在高高的龙亭原半岭上，依地形整体建筑坐西朝东，自坡下拾级而上，经过四个台地建筑后，就到了位于整个建筑群的最高处——祠堂，在祠堂的入口处巍然竖立着著名的太史公祠牌坊，这是一座古朴雅致的双柱单间的木牌坊，构造虽然简单，却透着一种凝重和庄严。在牌坊的额枋间，写着“高山仰止”四个遒劲的大字。牌坊与周围大自然的瑰丽景色融为一体。在牌坊所处的地方可以凭高远眺波涛滚滚的黄河和巍峨逦迤的中条山，古人曾作诗赞叹道：“司马坡下如奔澜，回首坡上

告飞峦。到门蹭蹬几百级，两手抠衣呜惊喘。”一部《史记》成就了司马迁，史圣的祠墓也像一座丰碑，历经千百年沧桑而愈显雄伟。祠墓梁山枕，山河怀抱，川塬如画。史学传千古，神威镇一峰。祠院古柏参天，殿中碑石林立，碑石以褚遂良的“梦碑”和郭沫若的诗碑最为著名。郭沫若的五律诗气势磅礴，情真意切：“龙门有灵秀，钟毓人中龙。学殖空前富，文章旷代雄。怜才膺斧钺，吐气作霓虹。功业追尼父，千秋太史公。”律诗碑拓成为游人必存之宝物。祠庙寝宫后有司马迁的坟墓，圆形墓为青砖裹砌，嵌有八卦砖雕。墓顶有一千年古柏，如巨掌撑天，如同太史公的崇高志向，永驻天地之间。近年来，韩城市又将元建大禹庙、三圣庙及宋制的河渎碑搬迁到此，壮大了司马迁祠墓的古建规模。同时，为纪念八路军东渡黄河而建立的“八路军东渡黄河出师抗日纪念碑”，也为其增添了一处亮色。

3. 古隆中武侯祠牌坊

古隆中位于现在的湖北省襄樊市襄阳城以西，是国家4A级风景名胜区，全国重点文物保护单位。据《舆地志》记载：“隆中者，空中也。行其上空，空然有声。”隆中因此而得名。三国时期的蜀汉丞相、著名的政治家、军事家诸葛亮青年时代曾在此隐居躬耕，使隆中成为闻名中外的人文景观。晋代，当时的镇南将军刘弘便曾来到隆中瞻仰诸葛亮的故宅，凭吊纪念并且立碑旌表。在唐朝以后陆续建有“武侯庙”“武侯祠”等纪念建筑。

“古隆中”牌坊，建于清朝光绪十六年（1890年）。牌坊坐西朝东，建在了武侯祠的右前方，是一座四柱三间五楼式石牌坊，檐顶翘角较为夸张，檐下镂雕檐版和斗拱。额枋间的题版上刻着“古隆中”三字，两边的立柱上镌刻着唐代著名诗人杜甫颂扬诸葛亮的名诗《蜀相》中的两句“三顾频繁天下计，两朝开济老臣心”，这句诗以凝练的笔墨概括了诸葛亮一生的功绩和才德。中间宽2.7米，侧间宽1.94米，中楼高7.5米，次楼高5.56米，柱前后有抱鼓石，中坊正、负面分别阴刻“古隆中”“三代下一人”，侧门坊正面分别阴刻“澹泊明志”“宁静致远”，周围浮雕着隆中访贤故事。武侯祠为襄阳“古隆中”的主要建筑，始建于明嘉靖年间，清乾隆二十一年（1756年）重修。坐北朝南，占地面积约1000平方米，中轴对称布局，三进院落。有前殿、中殿、正殿，分别面阔三间10.9米、11.5米、12.15米，进深三间7.8米、6.66米、8.23米。均为单檐硬山灰抬梁式构架。殿与殿之间有廊庑，面阔三间12.1米，进深二间4.95米，卷棚顶穿斗式构架，封火山墙。前殿外立面为四柱三间重楼牌坊式造型，额匾书“汉诸葛丞相武侯祠”。1996年被国务院公布为第四批全国重点文物保护单位。

自古以来，诸葛亮便被人们视为智慧的化身，更是一位勤政廉洁、忠君报国的著名宰相。因而，凡是他到过的地方，当地的人们都纷纷为他立庙纪念。与诸葛亮有关的纪念性建筑遍布全国各地，仅武侯祠就有7座。然而纪念地太多，就难以分辨真假，从古到今，为谁是诸葛亮正宗纪念地而发生过不少争议。其中尤以湖北襄阳古隆中和河南南阳卧龙岗两地的武侯祠谁为“正宗”之争最为有名。两地的武侯祠，历史都很悠久。隆中的建于晋代，保留着古朴的风貌；南阳的建于唐代，更显得宏大堂皇，两地都以诸葛亮的躬耕地自居，为武侯祠的正宗而争。为此，还打过不少笔墨官司，“隆中派”以《隆中对》之“隆中”为证，“南阳派”以《出师表》“臣本布衣，躬耕于南阳”为证，争得不亦乐乎。到清代咸丰年间，襄阳人顾嘉衡出任南阳知府时，这场争论更达到了高潮。南阳人认为：襄阳人来南阳做知府，可要处事公平，不能向着家乡，将武侯祠的正宗桂冠判给襄阳，否则叫他这个知府坐不稳。襄阳人认为：既然是家乡人到南阳为官，一定要为家乡人伸张正义，将古隆中的武侯祠判为正宗，否则不要他回家乡。两边互不相让，要等顾知府表态。顾嘉衡听了双方的意见，没有立即表态，请大家下堂休息，说是第二天再判。第二天一早，双方又来到府衙，等顾知府的评判，只见顾嘉衡拿出文房四宝，提笔写了一副对联：心在朝廷原无论先主后主，名高天下何必辨襄阳南阳。此联一出双方心服口服，都佩服襄阳顾知府的才智，从此这场争论才告一段落。那么，诸葛亮躬耕之地究竟在何处呢？只要了解当时的历史地理知识，就不难辨别。隆中在汉时属南阳郡所管辖，于是诸葛亮便称自己“躬耕于南阳”。明代以后，隆中才划归襄阳，而襄阳、南阳又分属湖北、河南两省，因此才有了以上的争论。事实上，诸葛亮的躬耕之地只有一处，那

就是古隆中。

（四）陵墓牌坊

多见于皇家陵墓前，为了显示墓主的显赫身份，牌坊都建得豪华气派、华丽非凡。此类牌坊，尤以明清帝王陵墓最具典型性和代表性。

1. 明十三陵牌坊

位于北京市昌平县的天寿山下，处在明代13个帝王陵墓神道的最南端，建于明朝嘉靖十九年（1540年），是一座六柱五间十一楼的彩绘超大石牌坊。通高约14米，横跨约28.86米，庑殿式顶部、檐下刻有四层石制斗拱，是全国现存最大的石牌坊。牌坊上巨大的汉白玉石构件和精美的石雕工艺巧夺天工。牌坊通体全用汉白玉砌成。在额枋和柱石的上下，均刻有龙、云图纹及麒麟、狮子等浮雕和阴刻仿木结构的彩画纹饰图案。这些图纹上原来曾饰有各色彩漆，因年代久远，现已剥蚀净尽。整个牌坊晶莹光洁，雄伟壮丽，结构恢弘，雕刻精美，纹饰飘逸，是中国现存牌坊中的精品，是举世无双的国宝，其规模等级和建筑修造工艺都达到了炉火纯青、登峰造极的程度。反映了明代石质建筑工艺的卓越水平，是我国牌坊中的代表作。

2. 万古长春牌坊

民间俗称"五门牌坊"，位于山东省曲阜孔林（孔子及其后裔的墓地）的神道中段，始建于明朝万历二十二年（1594年），是一座六柱五间五楼式的石牌坊，这是只有帝王才能享有的规格，普通的臣民最高也只能是四柱三间式。孔子是除了封建帝王外，唯一享受这一待遇的平民，这也是给予这位中国历史上最伟大的教育家的最高褒奖。牌坊飞檐斗拱，明间的额枋正中镌刻着"万古长春"四个字。雍正年间重修，雍正帝特意命臣下在旁边加刻"奉敕重修"等字样，中间的柱子浮雕盘龙，其他柱上也有浅雕纹饰图案，刻功精美，柱根前后都立有高大的抱石鼓。在抱石鼓的两面分别雕刻盘龙、舞凤、骏马、麒麟等瑞兽，形象生动，栩栩如生。此外，又在抱石鼓上雕琢了神态各异的小石狮子，雄伟的气势、精湛的工艺，都可与帝王陵墓牌坊相媲美。牌坊的两侧各有一座明朝嘉靖年间的御碑亭，东亭碑题"大成至圣先师神道"，西亭碑题"重修阙里林庙"。

四、棠樾牌坊群

棠樾牌坊群是中国现存的规模最大的牌坊群，位于安徽省歙县郑村镇棠樾村东大道上。共有7座，其中明代3座，清代4座。7座牌坊，拔地而起，古朴典雅，蔚为壮观，自然地构成牌坊群，使参观者叹为观止。3座明坊分别为鲍灿坊、慈孝里坊、鲍象贤尚书坊。鲍灿坊，坊宽9.54米，进深3.54米，高8.86米，建于明嘉靖年间，清乾隆年间重修。近楼的栏心板镌有精致的图案，梢间横坊各刻三攒斗拱，镂刻通明，下有高浮雕狮子滚球飘带纹饰的月梁。四柱的嗓墩，安放在较高的台基上。整座牌坊典雅厚重。慈孝里坊旌表南宋末年处士鲍宗岩、鲍寿孙父子，建于1501年，1777年重修。坊阔8.57米，进深2.53米，高9.60米。明间额枋较低，平板枋以上为枋木结构的一排斗拱支撑挑檐。明间二柱不通头，垫拱板朴质无华，加固了挑檐的基础，厚重相宜。鲍象贤尚书坊旌表兵部左侍郎鲍象贤，建于明天启年间。4座清坊分别为鲍文龄妻节孝坊、鲍漱芳父子乐善好施坊、鲍父渊节孝坊、鲍运昌孝子坊。4座坊均为冲天柱式，结构类似，大小枋额都不加纹饰，唯挑檐下的拱板，镂刻有花纹图案。月梁上的绦环与雀替也相应雕刻有精致的纹样。

棠樾牌坊群不仅是皖南牌坊中最有名的，在全国众多牌坊中也占有重要的地位。7座牌坊逶迤成群，古朴典雅，无论从哪个角度看，都是“忠、孝、节、义”的顺序，每一座牌坊都有一个情感交织的动人故事。乾隆皇帝下江南的时候，曾大大褒奖牌坊的主人鲍氏家族，称其为“慈孝天下无双里，衮绣江南第一乡”。

棠樾牌坊群是明清时期建筑艺术的代表作，建筑风格浑然一体，虽然时间跨度长达几百年，但形同一气呵成。歙县棠樾牌坊群一改以往木质结构为主的特点，几乎全部采用石料，且以质地优良的“歙县青”石料为主。这种青石牌

坊坚实，高大挺拔、恢弘华丽、气宇轩昂。到了明清两代，牌坊建筑艺术也日臻完善。棠樾牌坊对研究明清时代的政治、经济、文化及建筑艺术和徽商的形成和发展，甚至民居民俗都有极其重要的价值。

棠樾村的7座牌坊中，最早一座为西边第二座，建于明永乐十八年（1420年）。此坊的建立却是为了旌表前朝人。宋末当地盗乱，村人鲍宗岩在山谷躲避，被强盗抓住，绑在树上准备杀死。他的儿子鲍寿孙前去乞求强盗放了父亲，用自己代死。父亲说："我老了，就这一个儿子传宗接代，哪能杀他？我愿意自己死。"两人互相争死不已，强盗心中有所感动，把两个人都放了。他们的事迹在村中传为佳话，以孝义相标榜，被官府笔录上报，后来在元人脱脱主持修编《宋史》时，把它收入《孝义传》里。到了明朝永乐十八年（1420年），皇帝朱棣读史读到了这件事，大加赞赏，为之赋诗二首，并敕令在村中建牌坊一座，赠额"慈孝里"。从此，棠樾村东头有了一座庄严巍峨的牌坊，使族人得沐皇风、骄傲乡里，孝义传家也成为族人的处世楷模。到了明代嘉靖年间，鲍氏家族中出了一位杰出人物，名鲍象贤，牌坊群中的第二、三座牌坊都因他而起。鲍象贤年轻时在村中读书，于嘉靖八年（1529年）考中进士，初授官御史，后来在云南、广东、广西平叛中屡屡立下奇功，官阶持续升到兵部左侍郎，卒后封赠工部尚书。嘉靖十三年（1534年），皇廷旌表了鲍象贤的父亲鲍灿的特异孝行——在母亲双脚溃疡时用舌头为之舔疮而治愈，村中因此立起第二座牌坊。鲍象贤死后55年的天启二年（1622年），明熹宗朱由校即位伊始，北有满清铁骑压境，南有川贵叛乱，内有白莲教起义，而明廷兵部无可用之才，他不由想起了在嘉靖朝屡立战功的鲍象贤，敕令为他建立牌坊，晓谕天下，起到倡率作用，第三座牌坊于是又挺立而起。鲍象贤因为仕途的成功，促成了氏族的繁盛，也促成了棠樾牌坊群的中兴。清代乾隆后期，鲍氏家族中出现了历史上又一位重要人物——盐务巨商鲍志道。鲍志道11岁便为生计所迫一个人出外谋生，沿着祖上立下三座牌坊的村头土路离开家乡。他在外面当学徒、做苦力，经过不断的努力拼搏，后来成为著名的盐商。这时，他开始实现自己心中的耿耿之志：扩建家乡村东的牌坊群。架设牌坊是要经过圣恩批准的，主要有两种

可行之途：一是以功名彰显，一是以节孝称名。棠樾当时没有达官显宦，唯一的办法就是向上申报节烈人物事迹。族人在鲍志道支持下，经过帷幄运筹，先后选了两个节妇，将其事迹重重申报，打点关节，终于受到朝廷批准，立起两座节孝牌坊。族人受到鼓舞，也受到启示，有节有孝才为双全，于是又聚族策划，于嘉庆二年（1797 年）获准为孝子鲍逢昌再立了一座孝子坊。鲍志道死后，其长子鲍淑芳接任盐务总商职位，这时他努力去完成父亲的一个未能明言的夙愿——为自己建立一座牌坊。从现有 6 座牌坊的排列顺序可以看出，是经过精心设计的。最两头的两座，两位兵部侍郎坊，象征着对皇朝之忠；各自向内一座，是两座孝子坊——元朝子代父死的孝子和清初寻父的孝子，象征着对先人之孝；再各向内一座，是两座节妇坊，象征着女人的贞节。排列如此规整，然而两座节妇坊的立坊时间却都在清初孝子坊之前，可见在立坊时已经事先规划出空缺位置，为孝子坊的添建预留了空间。两侧各自三座牌坊建完之后，中间还留了一个位置。如果按照“忠孝节义”的序列来排，牌坊的意义中尚缺乏一个“义”字。原来，鲍志道父子知道自己既非朝廷正式命官，也就不可能由仕途得到敕建牌坊的殊荣，他们只能在“义”字上下工夫。什么是“义”？义务、义举、义事也。鲍氏父子富可敌国之后，为乡里和淮扬一带做了大量修桥补路开仓赈济之义事，又为朝廷做了大量输捐输米助饷治水之义事。日积月累，积水成河，积米成箩，善名鹊起，达于天庭，终于感动了皇上，得到嘉庆皇帝“乐善好施”的封赠，所谓“义”。于是，鲍淑芳于嘉庆二十五年（1820 年）以父亲的名义建起最后一座牌坊，完成了鲍志道一生的心愿。从此，一列 7 座牌坊高高地矗立在了棠樾村头，向世人显示着鲍氏家族的隆兴昌盛、繁衍不息。

鲍氏牌坊群的兴建史透示了一个家族盛衰更迭的内在气息。值得注意的是，它的两度兴盛，都是由于出了某个人物。而一个人的力量就足以支撑起整个家族景况的中兴，决定氏族上百年的气韵！中国古代聚族而居的村落，就是依靠这种支撑力而长期生生繁衍，经久不息。此外，棠樾

的牌坊另外还有3座，只是不列队于村东牌坊群中，而是散建于村内，大约是因为不同宗支的缘故。

歙县见于各种记载的牌坊有200多座，今存者仍有80多座，上述仅九牛一毛，不过举其例而已。相邻的黟县西递村口，原来甚至立有牌坊12座，是一个气势更为宏大的牌坊列阵，可惜现在只剩下一座“胶州刺史坊”，孤单望月，独自回忆着往日的峥嵘。

五、牌坊的社会功能和历史意义

牌坊的种类繁多，用途广泛，作为中国传统文化的一种物质象征，意蕴深邃，含义深远。随着时代的发展，牌坊被赋予了更多的社会功能。

1. 旌表褒奖表彰功能

在深受传统教育和影响的封建时代的人们看来，能够被树立牌坊是一件无上光荣的事情，凭这就足以光宗耀祖。由于立牌坊能使人“流芳百世”，因此，常被用来旌表当时社会上身份地位显赫的功臣良将、节妇贞女、贤才孝子等。如前文提到的道德牌坊、科举功名牌坊、仁义牌坊等。旌表、表彰是牌坊的主要功能。

2. 道德教化功能

在传统社会里，牌坊可以说是封建礼教和封建道德的一种外在的物化的象征，使抽象、概念性的说教有了现实感。牌坊通过树立具有典型意义的人和事，使人们按照统治者意志设立的行为准则去为人处世，教育人们要忠于君主、孝顺长辈、慈爱幼小、积德行善，要遵循“三从四德”“三纲五常”等封建伦理道德。比如前文提到的孝子牌坊、贞节妇女牌坊等，树立典范、教化规范人们的日常行为是牌坊另一个重要的社会功能。

3. 标志和分界功能

牌坊的树立在特定的空间具有了某种特殊的意义。虽然有些牌坊在形式上仅有两根或几根立柱，既无门，也无墙，并不能真正把空间分割开来。但通过牌坊的建立，营造了一种肃穆的氛围，使人们在经过这里时，在心理上有明显的空间跨越，感觉好像已经从一个空间进入到另一个空间，从而达到分界和标示的功能。例如官府门前的牌坊、寺宇庙观前的牌坊、街巷路口的牌坊等。

4. 寄托和表达情感的载体

牌坊建立的目的和功能不尽相同，但都是人们的一种思想和情感的表露，或是敬仰、或是崇拜、或是颂扬、或是祝福，牌坊是人们丰富情感的外在集中体现。

5 .纪念功能

牌坊因为和纪念性建筑碑、华表在渊源上关系密切，所以本身具有实用建筑和纪念建筑的双重属性。可以用来记载相关的事迹，例如，牌坊主人的姓名、籍贯、官爵和立坊人的姓名、立坊的日期，还有牌坊主人的功勋、事迹、所获的表彰恩宠和对他的颂扬、纪念性质的文字。因此，建立牌坊如同树碑立传，具有一样的意义和性质，常常被人们用来作为对前辈先人的追思纪念和对重大事件的记载。

6. 炫耀彰显功能

牌坊大都建立在人们往来频繁的通衢大道上，或是繁华热闹的集市或是风景名胜地区，借此来扩大影响和增强宣传的效果，使更多的人了解知晓。这给人一种荣誉感，凡是和牌坊有关的人都会觉得无上的荣光。这也是后世那么多人不惜用各种手段方式，花费大量金钱也要建立一个与自己有关的牌坊的原因。甚至发展到了用来作为粉饰的工具，早已违背了建立牌坊的最初目的。这不能不说是一种讽刺。

7. 传播民间风俗的功能

牌坊文化是中国民俗文化的重要组成部分。牌坊，作为一种遍及民间的建筑，本身也展示了中国古代丰富多彩的民间文化。例如，民间普遍信仰的玉皇大帝、关公、城隍等各种神仙信仰，在牌坊上都有所反映。

牌坊，作为一定时期社会历史的产物，有其存在的价值和社会功用。对于引导鼓励普通民众效仿那些道德高尚、品行端正的先贤往圣，移风易俗，改变社会的风气和价值取向，都具有积极的推动作用。关于这一点，是不应该被忽略和抹杀的。近代以来，对传统文化批判得尤为猛烈，这其中当然有它积极的

一面，使人们挣脱了封建陈腐观念的束缚，对解放人们的思想大有益处。但也不免有些矫枉过正，失之偏颇，出现了彻底否定传统文化的趋势。我们须知，评价历史现象和事物，必须把它们放到特定的历史背景中去，才能得到正确的认识。如果脱离特定的历史条件，以今天的眼光去对待，就难免走向极端。当然，我们不能否认牌坊等作为封建社会制度下的产物，是统治阶级统治意识的反映，是维护封建道统摧残和压制人性的工具，关于这一点必须要给予批判。毕竟，广大的生活在社会下层的民众更多的是受到了牌坊作为封建统治者精神奴役工具的残害。就如世人所知的贞节牌坊，便是不折不扣的压抑人性的专制工具，几千年的封建统治，无数的妇女在这种重压下，无助地呻吟、挣扎，最后在凄苦寂寞中死去，这不能不说是一种罪责。那一座座的贞节牌坊就是那些不幸妇女无声的控诉。虽然牌坊在其中只不过是手段和工具，但在某种程度上也成为了黑暗专制的一种象征。

与此同时，牌坊，作为承载传统文化的一种独特的物化载体，把古人关于社会和人生的思考和感悟，以这样一种形式流传下来。更为难能可贵的是，在无声的牌坊中蕴涵的含蓄深藏的情感表露方式，因为符合我们民族深沉内敛的性格，而和我们这个民族和整个民族文化紧密地联系在一起，不能分开。这也可以解释为什么只有中国才会有这种独特的建筑。牌坊，在长期的发展过程中，本身也形成了特有的牌坊文化，是中国古代建筑艺术和古典文明的完美结合。牌坊已不仅仅是一种单纯的建筑，更是一种文化的符号、一种文明的象征。